U0274395

航天科技图书出版基金资助出版

土星Ⅴ号运载火箭
F-1 发动机

——推举阿波罗创造历史

The Saturn Ⅴ F-1 Engine：
Powering Apollo into History

［美］安东尼·扬（Anthony Young） 著

陈祖奎 王建喜 陈红霞 郑 旸 译

中国宇航出版社

·北京·

First published in English under the title
The Saturn Ⅴ F－1 Engine：Powering Apollo into History
by Anthony Young，edition：1
Copyright © Praxis，2008*
This edition has been translated and published under licence from
Springer Science＋Business Media，LLC，part of Springer Nature.
Springer Science＋Business Media，LLC，part of Springer Nature takes no responsibility
and shall not be made liable for the accuracy of the translation.

本书中文简体字版由著作权权人授权中国宇航出版社独家出版发行，未经出版者书面许可，不得以任何方式抄袭、复制或节录本书中任何部分。

著作权合同登记号：图字：01－2020－1286 号

版权所有　侵权必究

图书在版编目（ＣＩＰ）数据

土星Ⅴ号运载火箭F－1发动机 ：推举阿波罗创造历史/（美）安东尼·扬著；陈祖奎等译 . －－ 北京：中国宇航出版社，2020.6

书名原文：The Saturn Ⅴ F－1 Engine：Powering Apollo into History

ISBN 978－7－5159－1796－2

Ⅰ.①土… Ⅱ.①安… ②陈… Ⅲ.①运载火箭－火箭发动机－普及读物 Ⅳ.①V435－49

中国版本图书馆 CIP 数据核字（2020）第 099950 号

责任编辑　李　欣　　　　封面设计　宇星文化

出　版
发　行　**中国宇航出版社**

社　址　北京市阜成路 8 号　　　邮　编　100830
　　　　（010）60286808　　　　（010）68768548
网　址　www.caphbook.com
经　销　新华书店
发行部　（010）60286888　　　　（010）68371900
　　　　（010）60286887　　　　（010）60286804（传真）
零售店　读者服务部
　　　　（010）68371105
承　印　天津画中画印刷有限公司
版　次　2020 年 6 月第 1 版　　2020 年 6 月第 1 次印刷
规　格　880×1230　　　　　　开　本　1/32
印　张　10.125　彩插 32 面　　字　数　291 千字
书　号　ISBN 978－7－5159－1796－2
定　价　128.00 元

本书如有印装质量问题，可与发行部联系调换

航天科技图书出版基金简介

航天科技图书出版基金是由中国航天科技集团公司于2007年设立的，旨在鼓励航天科技人员著书立说，不断积累和传承航天科技知识，为航天事业提供知识储备和技术支持，繁荣航天科技图书出版工作，促进航天事业又好又快地发展。基金资助项目由航天科技图书出版基金评审委员会审定，由中国宇航出版社出版。

申请出版基金资助的项目包括航天基础理论著作，航天工程技术著作，航天科技工具书，航天型号管理经验与管理思想集萃，世界航天各学科前沿技术发展译著以及有代表性的科研生产、经营管理译著，向社会公众普及航天知识、宣传航天文化的优秀读物等。出版基金每年评审1～2次，资助20～30项。

欢迎广大作者积极申请航天科技图书出版基金。可以登录中国宇航出版社网站，点击"出版基金"专栏查询详情并下载基金申请表；也可以通过电话、信函索取申报指南和基金申请表。

网址：http：//www.caphbook.com

电话：(010) 68767205，68768904

译者序

　　F-1 发动机采用了液氧/煤油推进剂和燃气发生器循环，推力为 150 万磅（6.67 MN），是迄今为止世界上推力最大的单燃烧室液体火箭发动机，它成功推举土星 V 号运载火箭实现了载人登月的伟大壮举，先后为 13 枚土星 V 号运载火箭提供动力，成功率达到100%，在液体火箭发动机技术发展史上谱写了光辉的一页。

　　第二次世界大战期间，德国成功研制了 V-2 火箭并在战争中首次实施了远程打击，由于当时的制导技术还在发展初期，打击效果不佳，但 V-2 火箭的成功研制改变了战争的模式。德国战败后，从事 V-2 火箭研制的科学家、工程师被美国、苏联俘获，V-2 火箭的产品及其零部件、研试文件也被作为战利品带走，用于战胜国的导弹发展。20 世纪 50 年代，世界上形成了以苏联为代表的社会主义阵营和以美国为代表的资本主义阵营，意识形态领域和军事领域的竞争十分激烈，航天成就被提高到衡量社会制度优越性的崇高地位。苏联成功发射人类历史上第一颗人造地球卫星以及第一次将人类送入近地轨道的壮举，彻底震撼了西方阵营，并使美国感受到了极大的威胁，美国陆军、空军意识到，必须发展大推力的火箭发动机，才能在太空竞赛中战胜苏联。

　　洛克达因公司在战后为美国研制了多款推力为几百千牛的液体火箭发动机。20 世纪 50 年代初期，已经接管美国导弹和航天管理权的美国空军认为，大推力液体火箭发动机将来必有用途。美国空军授以洛克达因公司研制合同，开展推力为 100 万磅（4.45 MN）的液体火箭发动机预先研究工作。20 世纪 50 年代后期，为了应对与苏联的竞争，美国成立了美国国家航空航天局（NASA），并把民用航天项目提高到国家最高优先级的地位。美国政府、军方认为，未来航天发展所需要的液体火箭发动机的推力不是 100 万磅，而是 150 万磅，由此，F-1 发动机应运而生。

F-1 发动机于 1958 年年初开始设计，1959 年 3 月进行了第一次系统级短程试车。到了 1962 年初，发动机研制面临巨大的挑战——发生了不稳定燃烧。1962 年 7 月，洛克达因公司成立了燃烧不稳定 Ad-Hoc 委员会。接着在同年 10 月开始了"1♯计划"全力以赴去解决 F-1 发动机的燃烧不稳定问题。这项计划从 1962 年 10 月开始，直到 1966 年 7 月结束。在 F-1 发动机研制过程中，进行了 3 200 多次的全尺寸试验，其中在"1♯计划"中试验了 2 000 余次。在初期飞行评定试验（PFRT）、飞行评定试验（FRT）和飞行鉴定试验之前，共进行了 14 种喷注器型式和 15 种隔板结构的全尺寸的发动 1965 年 11 月洛克达因公司完成了喷注器的稳定性鉴定。1967 年，F-1 发动机参加了土星Ⅴ号运载火箭的第一次飞行试验。

推力高达 150 万磅的单推力室液体火箭发动机，在知识体系没有建立之前，以及仿真手段刚起步的年代，从方案设计到首飞一共历经 9 年，并保持 100% 飞行成功率，这是一个伟大的创举。译者认为，F-1 发动机取得成功主要归功于以下三个方面：

第一，提高技术成熟度是提高发动机设计本质可靠性的必由之路。航天发展，动力先行。在尚未有明确用途之前，国家为未来的航天计划提前布置先进航天动力技术的预先研究，提高相关领域的技术成熟度，以期在进入工程研制阶段避免或尽可能减少方案反复，缩短研制周期。

第二，充分试验是发动机可靠性的根本保证。大型液体火箭发动机系统复杂、工况严酷，涉及流体、结构、传热、燃烧等学科的高度耦合，发动机各部件要承受恶劣的环境（高压、高低温、高转速、大振动和高功率）考验。在没有工程知识数据库的支持，以及仿真可信度不高的条件下，只能靠大量的点火试验进行验证。在研制过程中，多方案并举，每个方案的试验件也不是唯一的。为了满足频繁试验的要求，美国建立了大量的试验设施，仅发动机系统级试验台就有3座，另外还有3座火箭级的试车台以应对研制试验和验收。到首飞时，F-1发动机共进行了1 437次长程点火试验，累计试验时间超过25万秒，这使得设计不断完善，达到了很高的本质可靠性，这也是量产的前提。

第三，量产是保证发动机可靠性的重要措施。有文献报道，发动机飞行失利有超过50%的概率是由人为因素造成的，因此，在制订航天计划时，明确发动机需求量，以量产的形式安排生产，这样能够以同样的设备、同样的人员和同样的材料进行生产，有效地保持了发动机的生产质量一致性。量产还有经济效益，可大幅度降低生产成本。

本书是在航天科技图书出版基金的资助下翻译出版的。希望本书关于土星Ⅴ号运载火箭方案变迁和确定的过程、F-1发动机研制历程的内容对我国火箭和发动机的研制有所裨益。本书在审校过程中，西安航天动力研究所的许多学者和专家提出了非常有益的建议，在此对他们付出的努力表示衷心感谢！

在本书出版的过程中，中国宇航出版社的编辑老师工作十分细致，提出了许多非常中肯的修改意见，在此表示衷心感谢！

本书的引言、第1章、第7章和附录由陈祖奎翻译，第2~4章由陈红霞翻译，第5~6章由王建喜翻译，第8~9章由郑旸翻译，陈祖奎对全书进行了审校。由于译者水平有限，书中难免有不妥之处，欢迎读者批评指正。

译　者

前　言

　　推动阿波罗计划和天空实验室计划的强大的土星Ⅴ号运载火箭，需要设计和研制新型液体火箭发动机，其推力几乎是当时世界上服役的任何火箭发动机的4倍。型号称为F-1的新型大推力发动机，于1958年开始设计，到1973年年底，先后为13枚土星Ⅴ号运载火箭提供动力，可靠性达100%。

　　通过广泛的文献研究和人物访谈，安东尼·扬搜集了有关F-1发动机设计和研制的故事，讲述了F-1发动机的历史。安东尼不仅呈现出F-1发动机的历史，还对早期NASA和承包商在登月运载火箭中的商业研究有深刻见解。他的故事还包括NASA F-1发动机项目管理的作用、波音公司对S-ⅠC级的研制过程，以及对土星Ⅴ号运载火箭加工和装配的描述。当然，若不介绍下一代F-1发动机，即F-1A，F-1发动机的历史是不完整的，在土星Ⅴ号运载火箭计划取消前，F-1A发动机就进行过海平面推力为180万磅的试验。

　　F-1发动机的历史可追溯到20世纪40—50年代，正值美国大力发展导弹和航天运载火箭系统时期，到洛克达因公司研发E-1发动机系统时，推力大幅度增大，海平面推力已达40万磅。在20世纪50年代后期，NASA成立之前，空军和洛克达因公司从事多项研究来回答这样一个问题："需要的火箭发动机最大推力是多少呢?"研究确定，海平面推力为100万磅。有了这个推力目标，空军开始资助洛克达因公司进行研究，并为推力100万磅的单壁推力室设计、生产和试验提供了适量资金。按照建立的字母数字命名体系，洛克达因公司将推力100万磅的发动机命名为F-1发动机。

与空军签订合同的同时，美国国会成立了一个民用航天机构，1958 年 10 月 1 日，NASA 应运而生。根据该机构章程，F-1 发动机的任务随即从空军转移到 NASA，目标推力也增至 150 万磅。随后继续研制单壁推力室，当推力室在圣苏珊娜野外实验室试验时，轰鸣声响彻山野，所以用"金刚"来形容该系统。

F-1 发动机在设计和研制过程中，技术人员遇到了诸多挑战，需要克服燃烧不稳定、液氧涡轮泵故障以及诸如小裂缝、侵蚀和泄漏等小问题。由于 F-1 发动机尺寸很大，在生产、试验和发射过程中，需要大量工艺技术和设备来操作、运输和保护。推力室冷却液管束的炉中钎焊，喷管延伸段（裙部）的设计、处理和安装，以及在发射和飞行过程中保护发动机的热防护系统，都需要许多工程创新。

F-1 发动机在洛克达因公司卡诺加园区生产，而发动机整机的试验主要在爱德华兹野外实验室进行。最初在那里构建了 3 个试验台，但随着试验的增加，1962 年 NASA 宣布新增 3 个试验台。

作为 F-1 发动机装配到 S-ⅠC 及其随后试验的早期参与者，洛克达因公司安排我和我的家人搬到马歇尔航天飞行中心（MSFC）。在随后的 3 年中，NASA、波音公司和洛克达因公司团队取得了许多令人振奋的成果。在研制过程中洛克达因公司确定了很多改进升级项目（约 50 项），在发动机交付前的生产过程中，这些改进升级项目还不能安装，而必须在交付到 MSFC 后，在初始试验发动机和飞行发动机上安装。这些改进是必需的，如在推力室焊接螺柱以固定保温附件，在推力室焊接角撑板以加强对"推力-OK"压力开关的支撑等。这些安装由洛克达因公司外场作业团队实施。其他改进，如传感器和线束等，在洛克达因公司现场工程技术团队支持下由 NASA 的技术人员，或由安排在 MSFC 的一名洛克达因公司技师来完成。洛克达因公司也在 MSFC 为 NASA 经营了一个改装套件和支持硬件的大型仓库，这为 F-1 发动机在 MSFC 进行成功的安装做出了贡献。

在 S-ⅠC-T 试验时，F-1 发动机进行了垂直安装，级安装在试验台上。在 S-ⅠC-T 的前 3 次试验中，只安装了中心发动机。前两次试验关机过早，第 1 次为监视器无意中关机，而第 2 次关机是由于安全电路接线断开。第 3 次试验按程序成功进行了大约 15 秒。1965 年 4 月 16 日，对所有（5 台）发动机进行了试验，设定的时间约为 7 秒。5 台 F-1 发动机簇，推力超过 750 万磅，点火时震撼了阿拉巴马州北部。这是多么令人激动的现场体验啊。我不记得实际的观看距离，但 MSFC 试验部的控制中心似乎相当接近试验台，在 F-1 发动机簇试验时可以很好地感受其威力。那时的通信，并没有今天的网络顺畅，我不得不通过电话中继，从控制中心将倒计时和首次试验激动人心的气氛传递到卡诺加园区挤满洛克达因公司 F-1 发动机管理人员和工程师的一个房间里。

F-1 发动机项目的圆满成功，归功于 NASA 和洛克达因公司由计划/项目管理、工程、质量、采购、生产、试验和发射人员组成的强大团队的努力。F-1 发动机在阿波罗计划和天空实验室计划完成后的剩余产品，安装在 S-ⅠC 级上，今天可以在阿拉巴马州美国太空及火箭中心、佛罗里达州肯尼迪航天中心（KSC）、路易斯安那州米楚德装配厂见到。作为独立展示，也可以在美国和国外的多个博物馆见到。在阿波罗 11 号登月 10 周年之际，一台 F-1 发动机傲然屹立在加利福尼亚州洛克达因公司（现普惠洛克达因）卡诺加园区工厂的前面，以献给设计和研制该发动机的人们。

文斯·J. 惠洛克

洛克达因公司野外工程及物流主任（已退休）

序

洛克达因公司的 F-1 发动机是有史以来设计和制造的推力最大的发动机之一。该项目的发起却是令人疑惑不解的——提出用于不存在的火箭，用于不确定的任务。然而，该公司从 20 世纪 50 年代开始为空军研发具有 100 万磅推力的火箭发动机。接手合同时，NASA 要求将推力增加至 150 万磅。提出这个要求是偶然的，因为它有助于美国实现肯尼迪总统提出的挑战——在 20 世纪 60 年代的 10 年内，让航天员登陆月球，并使他们安全返回地球。

在完成为施普林格出版社撰写的《月球和行星漫游者——阿波罗的车轮和火星探测》后，我一直在思索下次可以写的有关阿波罗计划的主题。没有一本书写过为土星Ⅴ号运载火箭第一级提供动力的 F-1 发动机。我知道，这款发动机的研制历史体现了人类的智慧和工程成就。让我困惑的是，为什么没有人写如此出色的发动机历史呢，其飞行成功率达到 100%。我决定接受这个挑战。令人遗憾的是，F-1 发动机项目已经结束几十年了，只有在洛克达因公司和 MSFC 花名册上才能找到当年的工作人员名单。我非常想采访的两个关键人物是洛克达因公司 F-1 发动机项目经理大卫·奥尔德里奇和他的助手多米尼克·圣基尼，但两人在若干年前就已经去世。我曾希望采访利兰·贝卢，他在 MSFC 管理该发动机项目，但他年事已高，也未能接受采访。在洛克达因公司和 NASA，还有我没能采访到的一些人。因此，本书在介绍 F-1 发动机历史时留有一些缺憾。但是，在洛克达因公司和 NASA 还有很多被采访到的工程师和经理，他们提供的信息和材料，弥补了这些缺憾。

在编制本书的目录时，我意识到 F-1 发动机和以其为动力的

S-ⅠC级，是一个不可分割的整体。因此，在章节构建时，我选择了有关S-ⅠC级的一些内容，并讨论了阿波罗计划的整体管理。

这实际上有助于正确勾画F-1发动机项目的轮廓。如果没有这样写，我敢肯定会有读者责问"为什么没有涵盖这些主题"。

随着大力神火箭、航天飞机和星座计划中战神运载火箭使用的固体火箭发动机技术的出现，很难再看到像洛克达因公司F-1发动机那样的液体火箭发动机的服役了——但它仍是20世纪最伟大的工程成就之一。

安东尼·扬

2008年5月

致　谢

在写作早期，我有幸得到洛克达因公司的元老文斯·J.惠洛克的慷慨帮助。他对篇章结构提出了建议，主动搜集洛克达因公司的档案信息，并给我关于 F-1 发动机项目的珍贵资料，包括罕见的文章、小册子、新闻稿和其他信息，尤其重要的是包含在这本书中的许多照片。他的妻子盖尔协助他扫描照片，并把照片刻在 CD 上，供我使用。惠洛克先生还专门审阅了有关 F-1 发动机的章节。他介绍我与洛克达因公司的工程师接触，他们有的已经退休，有的仍然活跃在工作岗位上，最可贵的有特德·哈姆和鲍勃·比格斯，还有那些与他在 MSFC 工作的同事。惠洛克先生在回忆 F-1 发动机研制历史方面给予我很大的帮助，令我非常感激。

通过互联网上的线索，我找到了洛克达因公司其他的工程师，丹·布雷维克是其中之一。他告诉我洛克达因公司 F-1 发动机项目研制期间的一些详细内部参考材料。另一位是厄尼·巴伦，他曾参与建设推进野外实验室（后称圣苏珊娜野外实验室）试验台。

2007 年 4 月我在阿拉巴马州亨茨维尔的一次访问是卓有成效的。在亨茨维尔阿拉巴马大学 M. 路易斯·沙尔蒙图书馆工作的档案保管员安妮·科尔曼，在指导我查阅 MSFC 在 F-1 发动机项目的文档和波音公司的 S-IC 文档方面，给予我极大的帮助。MSFC 历史办公室的迈克·赖特帮我找到一些我在其他地方找不到的、非常罕见的 F-1 发动机的文件和照片。我在亨茨维尔的采访也收获颇丰。特别是采访到 MSFC 的 F-1 发动机项目经理萨韦里奥·桑尼·莫利亚和他的助手弗兰克·斯图尔特，曾在发动机项目办公室工作的理查德·布朗和罗恩·布莱索，在技术联络办公室工作的康拉德和曾在土星 V 号运载火箭项目办公室工作的比尔·斯尼德。

海因茨·赫尔曼·科勒是沃纳·冯·布劳恩博士团队在亨茨维尔的重要成员，从 20 世纪 50 年代后期至 1965 年，他一直担任陆军弹道导弹局初步设计的首席总设计师，后来任 MSFC 未来项目办公室主任，直接向冯·布劳恩博士负责。科勒教授审阅了这本书的前两章，他的修改意见对本书非常有益。

我运气很好，后来得到了 20 世纪 60 年代曾在发动机项目办公室工作的哈罗德·C. 霍尔的帮助，在那段时间，他定期将编辑好的记录发动机研制进展的照片和照片说明发送到 MSFC F-1 发动机项目办公室。霍尔先生还花了一年时间，组织整理 MSFC 在整个项目生命周期的材料。我在亨茨维尔访问霍尔先生时，这些材料已保存了 4 年。他慷慨地将这些材料借给我，以便我可以扫描一些照片用于本书。

在得克萨斯州休斯敦清澈湖旁的休斯敦大学诺伊曼图书馆工作的档案保管员雪莉·凯利给了我很大帮助。凯利女士摘录了罗杰·比尔施泰为他的书——《土星各级》所做的所有相关采访笔录。比尔施泰很少从这些访谈中引用这些段落，但我发现了有关 F-1 发动机和 S-I C 级丰富的信息，并连同相应的注释一起在本书中使用。

合作著者戴维·M. 哈兰博士为 Praxis 出版社编辑了稿件，我非常感激。

目　录

引　言

当火车向西南方向行驶，穿越得克萨斯州时，沃纳·冯·布劳恩博士（简称冯·布劳恩）正不时好奇地望着窗外。这里地势平坦，与他几个月前离开的德国巴伐利亚的景色完全不同。关于他带领团队的许多工程师、技术人员和科学家，在欧洲战争结束时于佩内明德投降美国陆军第 44 师的传奇故事，作为"秘密行动"的一部分将在以后的书籍和文章中叙述。而现在，他和其他人都成为代号为"回形针行动"的一个绝密计划的一部分，这个计划的目的是挖掘他们的技术潜力，并将其用于美国的火箭事业。

陪同冯·布劳恩的是兵器办公室、火箭分办公室主任詹姆斯·哈米尔少校和 9330 军械技术服务部队的火箭分办公室指挥官威廉·E. 温特施泰因上尉。哈米尔少校奉陆军军械技术情报主任霍尔格·托夫特伊上校之命，将首批德国人以及 V-2 运载火箭组件、机床、仪器仪表和文档从欧洲安全转移到得克萨斯州的布利斯城堡。冯·布劳恩团队就像是一个科学和工程宝库，托夫特伊希望对他们在德国从事火箭工作的身份保密，而他们在美国的新使命，仍属绝密。哈米尔的任务是防止信息"泄露"，确保在转移的过程中没有德国人失踪。受战争影响，美国的反德情绪很高涨，冯·布劳恩是以瑞士人的身份通关的，而他的同事也以不同的国籍和职业作为掩护。他们的家人被临时安置在德国的兰茨胡特，如果一切顺利，他们就会在 1946 年年底之前迁移过来。在布利斯城堡，人们计划将未充分利用的威廉·博蒙特陆军医院附属建筑改造成生活区。事实上，在"回形针行动"中，根据合同德国人只为美国政府服务 6 个月。若此后合同未续签，这些人将会被送回德国。冯·布劳恩对将他送回德国持怀疑态度，他的国家已饱受战争蹂躏，许多城市已沦为废墟，基础设施被摧毁，城市重建将需要好多年。由于一切资源都短缺，重建那些基础设施基本上是不可能的。他觉得在美国的前景比较好，期待着有一天自己的心上人玛丽亚·冯·奎施托普和他会合、结婚。

冯·布劳恩是一流的火箭工程师。在德国北部海岸佩内明德，他的团队曾设计、试验并制成了 A-4/V-2 运载火箭。虽然他现在的任务是促进美国导弹的发展，但他还是向任何愿意倾听的人解释说，将来有可能使用火箭探索太空。1945 年 10 月的一天，当列车停靠在埃尔帕索时，他下车与哈米尔少校站在一起，在和其他人会合后，等待前往布利斯城堡。为了不引起注意，这个 120 人的团队分成几个小组，第一批包括沃尔特·多恩伯格博士、库尔特·德布斯和埃伯哈德·里斯博士，他们都将深刻影响美国未来的太空探索。美国担心的是留在苏联的德国人人数更多，包括喷气推进和核物理专家。这个分裂的德国智库，将推动美国和苏联在导弹和太空探索两个领域展开竞争。

9330 军械技术部队负责德国人在布利斯城堡的安全、住宿和日

引言图 1　第二次世界大战结束，"回形针行动"将许多曾经参加 V-2 运载火箭研究的德国人带到美国，开展美国导弹和火箭的研制工作，最终成功研制出土星Ⅴ号运载火箭。前排左起第四位为亚瑟·鲁道夫博士，前排右起第七位为冯·布劳恩博士（白沙导弹靶场）

常福利。最初的住宿条件非常简陋，但从 1945 年秋季开始，德国人
陆续住进了经改造的博蒙特陆军医院附属建筑。在德国人的帮助下，
陆军军械部聘请通用电气公司在新墨西哥州白沙试验场（1945 年 7

引言图 2　WAC 下士是美国的首枚高空探空火箭。火箭装配了工作时间较短的
　　固体火箭助推器（左边可见）和液体推进剂主级。WAC 下士于 1945 年在
　　　　新墨西哥州白沙试验场首次发射（白沙导弹靶场）

月 13 日启用）组装、测试并发射 V-2 火箭。因此，V-2 火箭从德国运来时是完整的说法是不正确的。在佩内明德和诺德豪森俘获生产设备的时候，很多火箭装配呈现出不同状况。因此，在白沙，许多关键部件要么短缺，要么完全不可用。比如，每枚火箭的制导系统需要两个陀螺，但带到美国的却只有 50 个。通用电气公司别无选择，许多部件如陀螺、伺服电机、配电板、布线和推进剂管道等，只能通过逆向工程获得。必须检查、整修或更换从德国带来的每一个 V-2 火箭组件。除了与美国人一起准备发射 V-2 运载火箭外，冯·布劳恩还在着手一项研究和发展计划，旨在提高火箭性能。

事实上，在 20 世纪 30 年代中期，美国就开始为火箭研发提供资金，其进展远超过罗伯特·H. 戈达德的开创性试验。1936 年，加州理工学院的西奥多·冯·卡门博士，在古根海姆航空实验室开始研发"探测"上层大气的火箭。1939 年 7 月，他正式发起火箭研究项目，创建了全国第一个致力于推进系统的中心。他们的第一个项目是开发飞机喷气助推起飞（JATO）固体火箭发动机，并于 1941 年 7 月进行了首次演示。液体火箭发动机 JATO 紧随其后。1942 年，冯·卡门的团队创建了宇航喷气公司，为陆军制造 JATO 固体火箭发动机。1943 年，陆军军械部敦促加州理工学院拓展火箭推进方面的工作，并在 1944 年启动 ORDCIT 项目（加州理工学院兵器项目）。1944 年 11 月，火箭研究项目进行了重组，更名为喷气推进实验室（JPL）。喷气推进实验室开发的第一枚火箭是列兵，紧随其后的是下士，下士采用的是宇航喷气公司的发动机，发动机以发烟硝酸与苯胺的混合物作为氧化剂，以酒精为燃料，这样的推进剂组合可以自燃。接着开始研制较小的 WAC 下士。WAC 下士由小型固体火箭发动机簇助推升空，用于大气研究，事实上，它是美国的首枚两级火箭。WAC 下士没有姿态控制系统，而是使用翼进行稳定。第一枚全面投入使用的 WAC 下士是 1945 年 10 月 11 在白沙试验场发射的，火箭到达了 70 千米的高空。

1945 年秋季发生了一个重要事件，加州理工学院得到了位于白

沙的美国海军军械局的帮助，并于 1946 年，在白沙建立了海军军械
导弹实验中心。两家军用部门与加州理工学院和冯・布劳恩团队的
合作加速了美国火箭的发展。太空被定义为 80 千米以外的空间，
1946 年 3 月 22 日，一枚 WAC 下士到达了这个高度。这一成就是在
喷气推进实验室和其他机构对高能火箭燃料研究的背景下取得的。
1945 年，海军航空局成立了委员会，对火箭的可行性进行了评估，
主要研究单级入轨，其中氢和氧被视为最有可能的推进剂组合。
1945 年 11 月，在题为《太空飞船进入地球表面上方轨道的可能性
研究》的报告中，奥蒂斯・E. 兰开斯特少校和 J. R. 摩尔总结道，
虽然单级入轨是不可行的，但采用氢和氧的多级火箭可以把卫星
送入预定轨道（历史证明了多级火箭的有效性）。1946 年 7 月，喷
气推进实验室在评估报告中建议宇航喷气公司研究和开发这种发
动机。这些开创性的研究最终引领了土星 V 号运载火箭上面级的
发展。

　　美国陆军航空部队也对火箭探索和研究有兴趣。道格拉斯飞机
公司总裁唐纳德・道格拉斯建议航空部队成立飞机和火箭先进推
进器的研发组织。于是在 1946 年创建了"兰德智库"项目。"兰
德智库"以当时研制的最大火箭 V－2 为基础，评估了多种推进剂
的潜力，并研究了发射卫星的可行性。其题为《试验型环球飞船
的初步设计》的报告推断，采用液氧与氢或醇的多级火箭可将有
效载荷送入轨道。

　　海军和陆军航空部队（空军在 1947 年从陆军中分离出来）都在
积极从事这些报告建议的火箭研究工作。但在战后紧张的环境中，
国会不愿提供所需的大量资金。而未来几年，涉及非稀有推进剂的
较为温和的方案则更符合时宜。集中研制的导弹和高层大气研究火
箭型号分别是列兵－A、列兵－F、下士、WAC 下士和在白沙改进的
V－2，以及首枚两级液体推进剂火箭。其中 WAC 以"保险杠
WAC"的配置安装在 V－2 顶部。第一次在白沙点火的 V－2 是一件
俘获品，于 1946 年 3 月 15 日进行实弹试验，时间为 57 秒。四周后，

引言图 3　20 世纪 40 年代末和 50 年代初，在白沙试验场发射的 V-2 火箭
是用翻新的美国制造零部件制造的（白沙导弹靶场）

第一枚 V-2 火箭飞行仅爬升到海拔 5.5 千米就戛然而止了。但 5 月10 日，搭载有约翰斯·霍普金斯大学应用物理实验室测量宇宙辐射仪器的第三枚火箭，高度则超过了 112 千米。此后的每月会发射两至三次。截至 1946 年 12 月 17 日，第 17 枚 V-2 火箭的高度超过了186 千米。

　　另一个关键事件发生在 1946 年。当年温特施泰因上尉几乎每天都与冯·布劳恩及其团队的许多人有联系。有时，温特施泰因上尉会邀请冯·布劳恩和团队的几个成员到家里做客，他的妻子则会奉上非常可口的家常菜。谈话往往围绕着太空旅行和飞往月球的可能性。在一次晚宴上，温特施泰因问冯·布劳恩，把一个人送上月球并返回地球的计划，需花费多少钱和多长时间。冯·布劳恩说他要计算一下。几周后，他告诉温特施泰因要耗资 30 亿美元，需要 10年时间。时间会证明预言的准确性，虽然成本相当乐观。通过此事，温特施泰因对冯·布劳恩有了更深的了解，并意识到这个聪明的德国人可以很好地为美国服务。特别是，他认为冯·布劳恩团队对于当时美国羽翼未丰的火箭计划，对于国家安全和技术进步都将是至关重要的。2006 年温特施泰因告诉笔者：

　　令我感到震惊的是冯·布劳恩充满活力的领导方式，他的言谈举止有一个真正领导者的魅力。我很快就相信，他对当时的美国有利，对以后的美国也有利。严格来讲，这个德国火箭团队仍属敌方侨民。他们完全知道我们将要与俄罗斯发生问题，因为他们知道，根据波茨坦协议，俄罗斯接管了 V-2 工厂（在诺德豪森）。他们急于将导弹用于国防，但国会说"不行"。

　　我还记得 1946 年的一天晚上，在新墨西哥州的南拉斯克鲁塞斯大庄园餐厅与冯·布劳恩的一次谈话。他要在春天结婚，一直在寻求资金保障。他问我在布利斯城堡的火箭研究前景如何。我告诉他，不太好，这是事实，我没有骗他。他说："嗯，当这支军队对我们的监视解除后，我想去私营企业。"我承认那样他可以赚很多钱，但我说："沃纳，如果你去私营企业，你可就与你的月球之旅吻别了。以后情况可能会有好转。如果最终能等到人类进入太空的机会，陆军将是最好的选择。你可能以火箭顶级科学家的身份在美国甚至全世界家喻户晓。继续呆在陆军如何？"

引言图 4　约翰·B. 梅达里斯将军是位于阿拉巴马州红石兵工厂的美国陆军弹道导弹局首任司令（红石兵工厂历史信息）

在我看来，火箭团队必须作为一个团队待在一起。他接受了我的建议，决定让团队在一起，尽管每一个团队成员待在陆军让他们牺牲了一大笔钱，要知道去私营企业他们能够赚更多的钱。

1947年，在道格拉斯飞机公司、喷气推进实验室、通用电气（General Electric）公司和在布利斯城堡与白沙的冯·布劳恩团队的共同努力下，开始研发保险杠WAC。1948年5月，保险杠1号成功发射，虚拟的第二级实现与助推器分离。1949年2月24日，保险杠WAC 5号达到了令人印象深刻的高度（393千米），WAC的最高速度达到了8 867千米/小时。

德国火箭团队在新墨西哥州的沙漠中度过了将近4年时间，那里已成为他们专业技术和工程创造力的代名词，但这个现状即将改变。1948年，陆军军械部主管将阿拉巴马州亨茨维尔的红石兵工厂指定为火箭和导弹研究发展中心。随后不久，研究、试验设施和住房开始动工。就在当年，托夫特伊上校的一份公开声明极大地鼓舞了冯·布劳恩。这让他想起温特施泰因上尉两年前的预言。"这是可能的"，托夫特伊上校说，"我们这一代人会看到由巨大火箭发射载人飞船，环绕月球并安全返回地球。如果能够立即启动这样一个项目，并为了纯粹的科学研究投入足够的资金支持，今天活着的人就可见证。"1949年10月28日，经陆军部长批准，兵器研发部和火箭分部从布利斯城堡搬迁至红石兵工厂，更名为军械导弹中心，搬迁从次年4月开始。白沙试验场仍保持原样，但陆军火箭和导弹研发的大部分工作将在亨茨维尔进行。

1949年8月，苏联引爆了第一颗原子弹，1950年朝鲜战争爆发后，美国也加快了火箭和导弹的研制步伐。虽然冯·布劳恩团队的一些成员选择在私营企业工作，但大部分仍然留了下来，他们的坚守令人满意。20世纪50年代初期，冯·布劳恩团队为陆军开发了包括红石火箭、丘比特火箭和耐克地对空导弹在内的新型火箭和导弹。与此同时，海军也研制了海盗号火箭。1951年，空军启动了MX-1593项目，宇宙神洲际弹道导弹应运而生。

引言图 5　1960 年，沃纳·冯·布劳恩博士在亨茨维尔与 MSFC 新成立的实验室的主任合影。左起，恩斯特·施图林格博士、赫尔穆特·赫尔策博士、卡尔·亨伯格、恩斯特·盖斯勒博士、埃里克·诺伊贝特、冯·布劳恩、威廉·姆拉泽克、汉斯·韦特尔、埃伯哈德·里斯、库尔特·德布斯博士和汉斯·莫斯（NASA/MSFC）[①]

　　但太空探索从未远离冯·布劳恩的心田，他抓住每个机会来推广太空探索的前景。在 20 世纪 40 年代和 50 年代，广受赞誉的太空插图画家切斯利·博恩斯蒂尔以月亮、行星的纯美和太空旅行的前景激励了一代人。1949 年，博恩斯蒂尔和工程师出身的作家威利·莱伊合著了畅销书《征服太空》，激励着成千上万的年轻人追求航空航天事业，对美国未来航天事业的发展产生了重大影响。博恩斯蒂尔的插画"环绕轨道空间站飞行"和"月球与行星表面之旅"细腻精致，正文介绍的代表新兴技术的硬科学也真实可信，这本书给读者灌输了一种观念和信念：太间探索确实可能在读者有生之年实现。1951 年，在流行期刊《科利尔》的编辑科尼利厄斯·瑞安的邀请下，博恩斯蒂尔出席了在得克萨斯州圣安东尼奥举办的一个关于太空飞行主题研讨会。在那里，他见到了冯·布劳恩和其他火箭

---

　　①　原版书疑有误，即图中为 12 人，图释给出 11 个人名。

科学家。1952 年 3 月 22 日发行的《科利尔》刊登了一篇文章，内有博恩斯蒂尔创作的关于冯·布劳恩讲课的插图，这也是刊登系列插图期刊的第一期，并于 1952 年 10 月 18 日，作为一期特色封面故事刊登："月亮上的人：科学家告诉我们如何在有生之年在那里着陆。"为了跟进此次合作，《征服月球》于 1953 年出版，书中描述了如何建立基地，探险家如何在月球表面旅行等。

引言图 6　冯·布劳恩博士与（左起）霍尔格·托夫特伊上校、恩斯特·施图林格博士、赫尔曼·奥伯特及罗伯特·吕塞尔博士合影（美国陆军）

到了 1953 年，冯·布劳恩已成为红石兵工厂兵器导弹实验室的导弹开发部主任。1954 年 9 月，他写了一份名为《基于陆军军械兵团导弹研制组件的最小卫星飞行器》的提案。当时世界上还没有哪个国家将卫星送入地球轨道，但冯·布劳恩知道美国有能力这样做，并意识到第一个实现卫星发射对美国的意义。他在提案中写道：

制造一个人造地球卫星，无论它多小（如 5 磅），都将是一个有巨大影响的科学成就。既然这是一个利用现有火箭和导弹经验在几年内就可实现的项目，可想而知，其他国家也可以这样做。如果我们不能首先做到这一点，这对美国的威信将是一个打击。

他的告诫具有先见之明。美国的卫星项目在国家科学院国际地球物理年工程的支持下诞生了。在 20 世纪 50 年代中期，美国对利用何种火箭完成卫星发射任务缺乏紧迫感，事实证明，这种冷漠使国家日后付出了沉重代价。

冯·布劳恩热切寻求其他方式传递他想表达的信息。其中一个渠道是通过沃尔特·迪斯尼，他是一位空间探索系列电视节目的主持人。第一集《人在太空》于 1955 年 3 月 9 日播出，年末播出了第二集《人与月球》。这个令人难忘的节目（共三集）中的最后一集《火星和超越》于 1957 年播出。该电视节目的观众约有 4 000 万，令冯·布劳恩在美国家喻户晓。

1956 年 2 月 1 日，陆军弹道导弹局（ABMA）在红石兵工厂成立，由约翰·B. 梅达里斯将军负责。与此同时，为管理其他研究和发展计划，陆军火箭和导弹中心也在该兵工厂建立，由托夫特伊上校负责。从情报机构获悉，苏联正在准备发射卫星，这个情报消息令冯·布劳恩担心。他继续游说以拿到准备发射卫星的权限，但初出茅庐的 ABMA 却在华盛顿碰了壁。为纪念国际地球物理年，美国官方计划使用名为前卫号的多级火箭发射一颗卫星，项目由海军负责。不幸的是，这种火箭的研制进度因结构复杂被延误。1957 年 1 月，陆军研究与发展部负责人詹姆斯·加文中将，就将丘比特-C 火箭用作卫星运载火箭的可能性征求 ABMA 的意见。4 月，ABMA 建议加文中将，作为困难重重的前卫号计划的备份，丘比特-C 火箭最快可在 1957 年 9 月发射一颗卫星。丘比特-C 火箭的首次发射在 1956 年 9 月 20 日进行，它将代表模拟卫星的 14 千克的有效载荷推至 1 100 千米的高度，从佛罗里达州卡纳维拉尔角以一个弧线飞行约 5 300 千米，此次飞行横跨大西洋。但五角大楼并不希望 ABMA 介入卫星发射业务，所以 A.P. 欧米拉将军前往亨茨维尔明确表明，丘比特-C 火箭不能"意外地"将任何东西送入轨道！

1957 年 10 月 4 日，苏联把一颗人造卫星送入轨道。当电视新闻播报第一颗人造卫星令人惊叹的成功时，美国人在家中就直接感受到了冷战气氛。《纽约时报》头条写道：

苏联将人造地球卫星送入太空，卫星以每小时 18 000 英里的速度环绕地球飞行，每小时飞越美国 4 次。

11 月 3 日，苏联发射了一颗更大更重的卫星，并携带了一条叫莱卡的狗，表明除了有一个强大的助推器之外，苏联还掌握了在真空环境中维持动物生命的技术。

作为回应，第一枚发射卫星的火箭前卫号仓促完成，于 12 月 6 日尝试发射却彻底失利。火箭携带的卫星质量只有 2 千克，失去动力之前升空不到 1 米，随后跌落到发射台并发生爆炸。这届辱性的失利，使发射卫星成为国家最高优先级任务之一。艾森豪威尔政府不愿使用公开的军用火箭（尤其是德国团队建造的）做这件事。ABMA 受命准备利用丘比特-C 火箭尽快发射卫星。利用外界对其专业知识的兴趣，12 月 10 日，ABMA 向国防部提交了一份报告，题为《国家综合导弹和航天器发展计划提案》。该历史性文件建议研制推力为 150 万磅的助推器。同时，利用丘比特-C 火箭第 29 号发射一颗由喷气推进实验室制造的卫星的筹备工作正在进行中。1958 年 1 月 31 日下午 10 时 48 分，火箭升空并成功将名为探险者 1 号的卫星送入预定轨道。卫星的盖革计数器显示，地球高空上存在稠密的辐射带，现在该辐射带以卫星首席科学家詹姆斯·范艾伦的名字命名。太空竞赛开始了！美国终有一天能将航天员送到月球的大胆新时代开始了！

第 1 章　探月火箭的演变

在阿波罗计划中，当探究是什么原因使 5 台 F-1 发动机簇成为土星 V 号运载火箭的动力时，其线索是多样的。"自由世界"中最大火箭的演变过程并不简单。在 20 世纪 50 年代末和 60 年代初，ABMA、国防高级研究计划局（DARPA）、国防部、NASA 下属各研究中心、美国国会委员会，以及授予合同的私营航天公司进行了许多研究。这些探索性工作包括军用和民用两个方面，涉及液体和固体推进剂。运载器及动力规模的差异反映出可以以不同方式实现载人登月和安全返回地球。实现这一目标的主要方式是：1）直接从地球升空，在月面上着陆；2）在前往月球前，航天器在地球轨道上交会，称为地球轨道交会（EOR）；3）在月球轨道上双人登陆模块从主航天器分离降落到月球，几天后返回，并与返回地球的主航天器对接，称为月球轨道交会（LOR）。在投入几百亿美元之前，所有这些研究都是硬件定义的重要先决条件。一旦方案被选中，实现它最好的运载火箭构型是什么呢？每种方法和不同的运载火箭构型各有利弊。这种对话和辩论不仅针对火箭本身，对地球上远距离方向的基础设施也是必要的，最大程度确保了任务成功和航天员的安全。

1957 年，苏联展示了其发射大型有效载荷的能力，并继续研制更大的助推器。在令人震惊的人造卫星 I 和 II 消息公布的数月之前，ABMA 的冯·布劳恩博士团队的初步设计小组就着手进行美国火箭和导弹发展综合计划的研究。1957 年 12 月 10 日，ABMA 发布了《国家综合导弹和航天器发展计划提案》报告，并提交国防部。海因茨·赫尔曼·科勒作为初步设计小组的主任，将被证明对大型运载火箭构型设计做出了主要贡献。该报告建议研制 150 万磅推力的运载火箭，通过燃烧精制煤油（RP - 1）和液氧（LOX）的由 4 台 E - 1 发动机组成的发动机簇来实现，每台发动机提供约 1.7 兆牛的推力。北美航空公司洛克达因分公司于 1955 年开始研发 E - 1 发动机，并成功进行了点火试验。为了尽量减少制造运载火箭推进剂贮箱的模具设计，采用丘比特导弹和红石导弹使用过的推进剂贮箱。第一级贮箱组可以在红石兵工厂的试验台上进行点火试验，这个助推器是朱诺系列运载器设想的 5 枚火箭中最大的，虽然朱诺Ⅲ和朱诺Ⅳ始终只是议案。在确定了所需推进剂加注量、预计发射卫星的轨道且完成其他所有必要的计算后，初步设计分部的弗里茨·圣保利绘制了这个助推器（比例为 1∶10）的图纸。然而事实是，并没有资金来研发该型火箭。

由于（苏联）人造地球卫星的成功使国家蒙羞，这个建议促使国防部考虑建立一种小型、快速响应的研究和发展办公室，以管理各学科的新技术研发计划。根据国防部部长尼尔·麦克尔罗伊在 1958 年 2 月 7 日签署的国防部指令 5105.15，建立了 DARPA。由于国防部部长会不时对单项工程或类别做指示，DARPA 就负责这类先进项目的研发方向或性能。罗伊·约翰逊是美国通用电气公司前副总裁，他被选为新军事机构的领导人。事实证明，这是一个非常明智的选择，约翰逊赢得了军事人员的尊重。梅达里斯将军特别赞扬了他管理初创机构的能力。DARPA 在美国第一大助推器的研制中将发挥主要作用。

1958 年 1 月，国会听证通过了梅达里斯将军汇报的关于国家航天活动的现状。除了负责的导弹计划（包括新型固体推进剂潘兴导弹计划）外，梅达里斯还在寻求大型助推器。梅达里斯在他的自传《决策倒计时》中写道："大家都越来越关注这样的事实，在我们目之所及，根本就没有看上去大到足以挑战苏联人领导地位的，或携带真正显著大载荷的航天器。1958 年 1 月，我第一次就美国航天活动向国会汇报时，就做了坦率声明，在 1961 年，最迟在 1962 年，如果我们想有机会超过苏联人的话，美国必须至少领先 100 万磅的起飞推力。"

20 世纪 50 年代末，人们提出了许多太空探索的建议，其中的一条是 1958 年 2 月由阿贝·西尔弗斯坦博士领导的国家航空咨询委员会（NACA）俄亥俄州刘易斯航空实验室提出的"NACA 太空飞行

图 1-1　海因茨·赫尔曼·科勒（右）是 ABMA 的初步设计小组的主任，后来任 MSFC 未来项目办公室主任，直接向冯·布劳恩博士负责。科勒在帮助建立土星 I 号运载火箭、土星 V 号运载火箭和拟议的新星运载火箭（NOVA）构型上起到关键作用（NASA，科勒藏品）

技术扩展研究计划"，主要目标是进行基础研究，支持载人卫星研制，支持人类到月球及附近行星旅行。刘易斯航空实验室的确会参与这类研究，但要作为 NASA 的一部分来参与。

图 1-2　1960 年 9 月，沃纳·冯·布劳恩博士在 MSFC 向德怀特·D. 艾森豪威尔总统介绍土星Ⅰ号运载火箭（NASA/MSFC）

1958 年 4 月，美国空军弹道导弹部公布载人军事航天系统计划的第一个发展计划。目标是"获得将航天员送上月球，并让其安全返回地球的初期能力"，这个目标也许是第一次被美国政府采用。计划被授予国家最高优先级，将其置于与弹道导弹发展相提并论的地位。计划分为 4 个阶段，到 1965 年 12 月，率先实现载人登月的机器人探索任务。很显然，陆军和空军会争夺资金，以继续各自的"人在太空"计划。1958 年，空军雇用洛克达因公司进行能够产生100～150 万磅推力的单喷管液氧/煤油（RP-1）火箭发动机的初步设计，这是陆军采用 E-1 发动机簇希望达到的推力，洛克达因公司将这款新发动机命名为 F-1。

冯·布劳恩博士还是 NACA 航天技术特别分委会委员，在 1958 年 4 月，他向 NACA 航天技术特别分委会提交了飞行器计划工作组起草的、题为《国家综合导弹和航天器发展计划提案》的中期报告。该报告源自 4 个月前提交给国防部的运载火箭建议，形成了跨越 20 年之久的航天发射计划、各种运载火箭计划以及包括星际探测、月球飞行、火星任务甚至金星任务等宏伟计划。这是一项详细的计划，范围比两个月前 NACA 刘易斯航空实验室发出的文件宏大得多。计划的成本约为 300 亿美元。参与审查该建议的很多 NACA 成员都惊得目瞪口呆。事实上，NACA 的领导休·L. 德莱顿博士要求 NACA 委员会与其保持距离，简单地禁止 NACA 的任何人，未经许可不得发布，于是该报告没有在 NACA 正式通过。但是，这份报告确实包含了研制推力超过 100 万磅的大型单喷管火箭发动机的建议。更重要的是，该报告建议在未来 10 年实施载人登月任务。3 个月后，即1958 年 7 月，NACA 飞行器计划工作组发布了经修订的、不那么雄心勃勃的报告。令人惊奇的是，研制推力超过 100 万磅发动机的建议被删除。相反，该文件指出："（应）立即启动 150 万磅推力量级助推器的研制计划，并尽早使用。"

在 DARPA，理查德·B. 坎赖特、大卫·杨和理查德·S. 塞萨罗对大型运载火箭第一级采用多台现有火箭发动机簇进行了讨论。

采用由经验证的发动机组成的发动机簇有利于提高其成功率。道格拉斯飞机公司的工程师坎赖特去亨茨维尔拜见了梅达里斯将军和冯·布劳恩博士，讨论使用多达 8 台发动机簇的可行性。梅达里斯一开始就对这么多火箭发动机一起工作的可靠性表示怀疑。冯·布劳恩和梅达里斯的首选是由 4 台 E-1 组成的发动机簇。坎赖特说，这是 DARPA 的观点，要么采用改型的丘比特发动机助推器，要么找其他机构来做这项工作。随后，梅达里斯将军和冯·布劳恩博士代表 ABMA，罗伊·约翰逊、大卫·杨和理查德·S. 塞萨罗代表 DARPA 在五角大楼举行会议。冯·布劳恩很务实，他认为 ABMA 虽然从来没有了解其复杂性，但这样一个发动机簇很可能可以执行这项工作。梅达里斯表明他对发动机簇工作的可靠性持保留意见，但最终同意了。在梅达里斯的自传中，他曾大篇幅解释发动机簇的优势：所有这些发动机同时点火，可将大量航天员送到轨道上，在月球实现软着陆，并实现许多民用和军用希望的目标。

虽然有许多复杂因素，但研制由几个较小发动机组成的发动机簇并获得大推力还是有诸多充分的理由的。

首先，发动机簇符合多发动机构型是最安全的航空运输模式的思维方式。因此，如果运载器的能力还没有到达极限，还未加上最后一根稻草，一台或多台发动机失去工作能力或未能在满工况下工作，也能完成太空任务。

其次，有控制方面的问题。驱动导弹穿过大气层就像在手指上平衡台球球杆。如果它开始倾斜（因为重心在顶部附近，它本质上是不稳定的，总是要倾斜的），手指施加的力必须立即改变方向，将基点推到一边，使其回到垂线状态。在导弹或运载火箭中是通过制导系统的陀螺即时感知姿态的变化，并通过控制系统旋转电机来完成的，从而使推力的喷射指向稍微偏向的一侧，这样，就迫使基点回到所需的方向。在一些导弹中，较大的发动机保持不动，而由尾部两侧的附加小发动机变化方向来控制姿态。由于这些发动机的推力远小于主发动机，控制结果是不积极的，也相应需要更大的制导系统。

由于上述原因，移动满工况大型火箭发动机需要相当大的力矩，而且，如果发动机足够大并足够重，发动机本身的运动可能易于使导弹倾斜，使（姿态）调整工作更加困难。此外，要移动的发动机越大、越重，想要快速、敏捷移动就越难，修正工作每延迟几分之一秒，就存在导弹倾斜太多而无法回调的更大风险，或因转向太快使结构不能承受应变，导致结构在飞行中解体。

如果使用发动机簇，就无须将所有发动机都设计成可摇摆的，中心环的发动机可以固定在适当位置。同时，每台外侧发动机不仅可以控制飞行器的垂直姿态，还可以通过控制使所有发动机都沿相同的径向方向移动，运载器可绕其自身的长轴"滚动"。因此，相同的制导系统，通过施加相同的控制，可修正三个轴所有的偏差——滚动、俯仰、偏航，可以使运载器在飞行中保持稳定。由于发动机较小，因此将其移动需要的力就小，可以移动得更快，也可以更精确地完成本项工作。

最后，发动机簇可以使用在较小导弹上经历过足够多飞行试验的发动机。真正新的发动机若从头开始设计就必然有不少"毛病"。详尽的飞行前地面试验程序，可以发现许多（毛病），但不是全部。使用发动机簇不可避免地会有一些缺陷，但它们直到将发动机发送到太空后才会显现出来。这个过程是昂贵和费时的，并且在认为发动机使用可靠前，通常会损失一些试验飞行器。另外，将经过验证的发动机应用到新型运载器的适应性所需变化相对较少，可以更快地完成，并大幅降低风险。因此，现有发动机簇可缩短研制周期，提高可靠性。

将新飞行器推动到试飞阶段，制造技术所需的时间也是一个因素。使用单台 100 万磅的发动机将意味着设计一套全新的贮箱和弹体结构。既然手头上有可以制作红石直径和丘比特尺寸的贮箱技术，为什么不做贮箱簇呢？这样不必在设计新型贮箱制造技术上浪费时间和金钱，也不必再解决比丘比特大许多倍的贮箱的晃动问题。

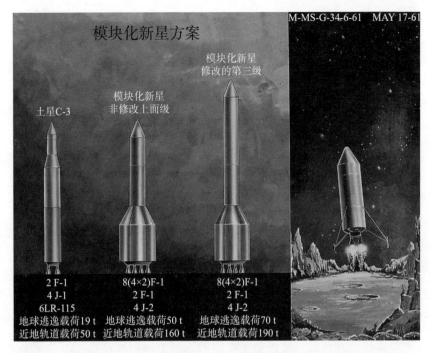

图 1-3　新星运载火箭设想执行直接上升到月球的任务，无须采用航天器交会，但需要一个较大的月球登陆飞行器。本构想图发布于 1961 年 5 月，显示了所有级都使用液体推进剂的土星和新星运载火箭的各种方案（NASA/MSFC）

　　这些是发动机簇的理论优势，但梅达里斯认为，发动机簇在确定潜在问题上没有经验可以借鉴，如运载器底部加热，或一台工作中的发动机对邻近发动机性能和排气的影响。由于宇宙神弹道导弹和纳瓦霍巡航导弹最终构型的发动机簇都只有 3 台发动机，在使用 8 台发动机簇上这些问题将会如何，借鉴作用并不多。

　　与此同时，美国国会决定，国家应通过创建一个特殊的主要致力于太空探索的机构来回应苏联的太空威胁，然而 NACA 不具备执行该任务的能力。1958 年 7 月 29 日，艾森豪威尔总统正式签署了美国国家航空和航天法案。该法案有效构建了 NASA。NASA 在 1958 年 10 月 1 正式运转时，吸收了 NACA 的人员和设施，从此这个老机构将不复存在。

1958 年的夏天，在 ABMA 和 DARPA 之间进行的进一步讨论，成功地精细化了美国第一个超级助推器的构型方案。1958 年 8 月 15 日，DARPA 第 14～59 号订单，指导 ABMA 和陆军军械导弹司令部（AOMC）绘制了朱诺 V 号运载火箭研制和使用成本的规划。交付必须不迟于 1959 年 12 月，其性能由第一级的静态试验验证，初始资金为 500 万美元。这是一个令人惊讶的压缩时间表。由于没有单发动机可以构成提供所需推力的发动机簇，因此需要对研制丘比特导弹的洛克达因公司 S-3D 发动机（目前产生 667 千牛推力）进行升级。当时，ABMA 和 NACA 加入与该公司有关的必需改进项及其他有利的改进项的讨论，以明确研制、试验和生产计划，当然也商定了计划的成本。这实际上涉及两型略有不同的发动机：4 台外侧发动机将有摇摆能力，4 台内装发动机将保持固定。1958 年 9 月 11 日签订了发动机研制合同，洛克达因公司将其命名为 H-1。9 月 23 日，AOMC 的梅达里斯将军与 DARPA 的罗伊·约翰逊之间签署了协议，计划将朱诺 V 号运载火箭从助推器可行性演示扩展为"能够执行高级任务的多级运载器第一级可靠的高性能助推器研制"。资金增加至 1 300 万美元，并追加额外的资金改建位于阿拉巴马州亨茨维尔的丘比特试验台，接受助推器试验。最终有 700 万美元分配给在佛罗里达州卡纳维拉尔角大西洋导弹靶场的发射设施。

洛克达因公司进展速度很快，到 1958 年 12 月，就可以进行 H-1 发动机第一次满工况试验。亨茨维尔试验台开始进行改建工作，并派人到卡纳维拉尔角进行调研，以确定朱诺 V 号运载火箭发射设施的位置。

1959 年 1 月 27 日，DARPA、ABMA 及内部各小组，包括太空任务小组（STG）的代表在举行会议后，NASA 颁布了《国家航天器计划》。该计划概述了土星和新星运载火箭，由喷气推进实验室提出的维加上面级和刘易斯航空实验室提出的氢氧半人马座上面级。新星第一级动力为 4 台 F-1 发动机，第二级动力为 1 台 F-1 发动机，第三级动力为氢氧发动机簇。需要的话还要增加上面级。新星是一种直接上升型运载火箭，直接将乘员组运送至月球表面，没有任何形式的交会对接。在本月早些时候，NASA 与洛克达因公司签订了一项合同，继续进行 F - 1 的设计、研制和试验，基本上从空军接管了这个计划。这是第一次提出新星运载火箭，但它经历过了采用固体、液体或两种推进剂组合的许多设计迭代。土星运载火箭其实就是朱诺Ⅴ号运载火箭，因为冯·布劳恩研究小组认为，土星跟在丘比特之后更合乎逻辑。1959 年 2 月，DARPA 正式改组，并发出了一份合同，构建土星厂房，现名为卡纳维拉尔角复合体 34 号。至于 ABMA 在研的火箭已变成土星Ⅰ号运载火箭，第一级的 8 台 H - 1 发动机构型已定型，而上面级还处于评估中。可选择宇宙神导弹或大力神导弹！一个更实用的解决方案是采用半人马座，其氢氧发动机的性能更优越。

在此期间，关于 ABMA 及其工作人员在太空探索中应有的作用有过高级别的讨论。主导这些讨论的是国防部的国防研究与工程部主任赫伯特·F. 约克博士。1958 年秋天，国防部副部长唐纳德·A. 夸尔斯和 NASA 局长 T. 基斯·格伦南，就喷气推进实验室和 ABMA 重要的太空探索活动——后者基本上就是冯·布劳恩博士带领的火箭团队——移交到 NASA 的议题展开了讨论。梅达里斯将军反对这样的移交是可以理解的，但对于冯·布劳恩来说前景诱人，因为这将使他的研究小组最终能够追求太空探索的梦想，这是许多工程师和科学家作为一个团队一直保持了这么多年的原因。形势对于陆军更是雪上加霜，大部分由喷气推进实验室开展的工作是在陆军的合同下完成的。如果陆军失去这两个群体，在太空领域将无法与空军抗衡。虽然早就决定不将喷气推进实验室转移到 NASA，但关于冯·布劳恩小组的讨论持续到了 1959 年。

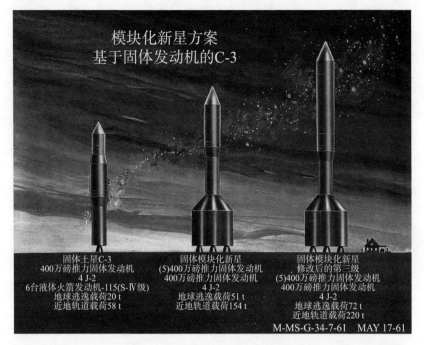

图 1 - 4　如图所示（1961 年 5 月发布），新星运载火箭的一个选择是第一级
和第二级使用固体推进剂，而 4 台使用液体推进剂的 J - 2 发动机为上面级
提供动力（NASA/MSFC）

1.1　早期的月球研究和计划

1959 年 3 月，美国陆军研究与发展中心主任阿瑟·特鲁多中将
发起了一项秘密计划。指示军械局局长着手对在月球上设立一个有
人的军事前哨进行初步研究，转交信中说：

为了开发和保护美国在月球上的潜在利益，开发月基对地和对
太空的监测技术、通信中继技术和月球表面的操作技术，作为基地
服务于月球探索和进一步探索太空、进行月球上的军事行动（如需
要的话）、支持在月球上的科学研究，建立月球前哨等是很有必
要的。

　　美国情报部门评估预测，为纪念十月革命 50 周年，到 1967 年，苏联会尝试将航天员降落在月球上。特鲁多信中直言指出紧急程度：

　　在苏联之后建立月球前哨，对我们国家的威信，进而对我们的民主理念都将是灾难性的打击。

　　这项研究是在 ABMA 初步设计分部主任海因茨·赫尔曼·科勒的指导下，由来自陆军内部的所有技术服务团队的研究人员和工程师完成的。科勒主编的四卷报告于 1959 年 6 月发布。该报告的初步结论是，"地平线"项目代表美国具有最早建立月球前哨的能力。通过该项目的实施，到 1966 年年底前，美国可以建立一个可供使用的月球前哨，前提是最初的载人登陆发生在 1965 年春天。

　　可以将乘员和物资运送到月球基地的运载火箭型号是土星Ⅰ号和土星Ⅱ号。在此构型中，土星Ⅰ号运载火箭第一级动力为 8 台 H-1 发动机，每台发动机提供推力 837 千牛；第二级为大力神的改进型；动力为宇航喷气公司研制的 LOX/RP-1 双推力室 LR-87 发动机，第三级为半人马座（用于宇宙神，处于研制中），动力为 2 台普惠 RL-10 氢氧发动机，每台提供推力 67 千牛。该火箭能够将 3.4 吨载荷送到月球。土星Ⅱ号运载火箭第一级采用升级的 H-1 发动机，其海平面推力为 1 116 千牛；第二级采用氢氧发动机；最后两级将分别使用 1 台氢氧发动机。冯·布劳恩曾主张如同第一级一样，上面级使用 RP-1 燃料，但在运载器运送所需有效载荷到月球的能力上存在一个严重的限制因素。土星Ⅱ号运载火箭第三级在近地轨道补加推进剂后，能够将 22.7 吨有效载荷发送到月球，这对载人登陆器来说足够了。发射进度如此激进，以致卡纳维拉尔角将不足以支持"地平线"项目。该项目一共需要 8 个发射塔，提出建立赤道发射综合设施，无论建在巴西或圣诞岛上，都要最大程度地利用地球的自转速度。据估计，完全构建地球轨道空间站、月球基地及其配套基础设施，需要土星Ⅰ号运载火箭发射 61 次，土星Ⅱ号运载火箭发射 88 次。"地平线"项目是大胆的，其成本也相当惊人。这种方案甚至超过了空军管理的宇宙神和大力神洲际弹道导弹计划。毫无疑问，"地平线"项目团队的一些成员认为，该计划将永远无法实现。尽管如此，团队一致认为，到月球的载人飞行任务将需要高性能上面级，这也许是对月球探测运载火箭不断发展的最大贡献。

1959 年 8 月底，NASA 的米尔顿·罗森和 F. 卡尔·施文克在伦敦举行的第 10 届国际宇航大会上，提交了一篇题为《载人探月火箭》的论文。罗森是载人航天办公室运载火箭和推进部主任。论文描述了五级直接上升至月球的新星运载火箭。为了避免复杂的航天器交会，以这种方式登陆月球表面，需要较大的运载器——因为一些人对两个航天器在太空交会对接是否可行产生了怀疑。第一级以 6 台 F-1 发动机簇为动力，第二级动力为 2 台 F-1 发动机，上面级使用氢氧发动机。

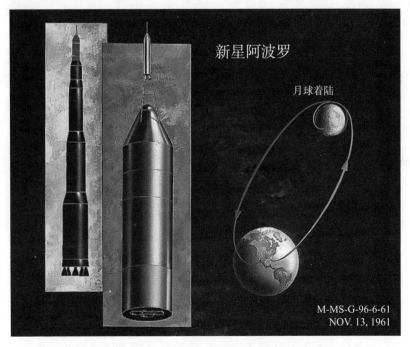

图 1-5　直接上升是 NASA 阿波罗计划早期首选的月球任务模式。
到 1961 年 12 月，液体推进剂新星已经演化成图示构型（NASA/MSFC）

1959 年，国防部与 NASA 继续讨论移交土星计划及支持该计划的工程技术人员。约克博士在他的著作中描述了这个有争议的移交：

我已经成为国防研究与工程部主任，对国防部内太空计划的所有要素有管理权限。我回顾了整个太空计划，并提出了两条建议。第一条是给国防部部长麦克尔·罗伊的，实际上是将负责开发所有军用卫星运载器和进行所有军用卫星发射的职责移交给了空军；除了某些特别命名的之外，所有军用卫星有效载荷研制的职责归空军，并终止 DARPA 在军事太空计划中的职责和权限。麦克尔·罗伊接受了建议，并在 1959 年夏末发布了此指令。第二条建议更深远，为了最终得以实施，必须递交给总统和 NASA 局长 T. 基斯·格伦南，以及国防部部长。简单说，1959 年 10 月下旬在白宫的一次会议上，出席会议的有总统、麦克尔·罗伊、盖茨、格伦南、德莱顿、参谋长联席会议主席南森·F. 特文宁将军和乔治·B. 基斯佳科夫斯基。我建议：1) 将土星助推器的行政责任从以前负责载人航天飞行的国防部（DARPA）移交到 NASA；2) 将冯·布劳恩团队随土星计划移交到 NASA。麦克尔·罗伊、格伦南和总统接受了这一建议，并在几个月后进行了职权和人员移交。

1959 年 12 月底，NASA 的土星运载器评估委员会，也被称为西尔弗斯坦委员会，以其主任西尔弗斯坦命名，对土星各级提出了建议，并附有研究和发展计划，其中包括 10 次发射。在各级构型及其推进剂中，委员会确定了 6 种土星构型并推荐了 3 种，即土星 C-1、C-2 和 C-3 运载火箭。土星 C-1 和 C-2 运载火箭的第一级动力为 8 台 H-1 发动机。土星 C-3 运载火箭动力为推力 200 万磅的发动机簇，后来被定为一对 F-1 发动机簇。液氧液氢上面级被列为 S-Ⅱ、S-Ⅲ、S-Ⅳ 和 S-Ⅴ，分别使用普惠 LR-119、普惠 RL-10 或洛克达因公司 J-2 发动机簇。这份报告后来证明，将载人飞船发送到月球的土星 Ⅴ 号运载火箭的 S-ⅣB 级早期飞行试验是非常重要的。1960 年 1 月，土星计划被指定为 DX 类别，这是国家的最高优先级，优先级等同于研制洲际弹道导弹计划。由于土星 Ⅴ 号运载火箭离实现还有几年，土星运载器评估委员会的建议是只关注土星 I 号运载火箭。在华盛顿特区一个小型午宴上，西尔弗斯坦提出了水星计划后面的项目以阿波罗命名，该名字被登月任务采纳。双子星作为中间载人计划以后会出现。这一个月，土星 I 号运载火箭第一级样机被安装在亨茨维尔试验台上，以验证其与试验台的接口匹配程度。到 2 月，更换成土星第一级试验件 SA-T。在 3 月，SA-T 的 8 台 H-1 发动机之中的 2 台通过了 8 秒的静态点火试验。4 月初进行 4 台发动机试验。1960 年 4 月 29 日首次进行了 8 台发动机的点火试验。该土星助推器继续有条不紊地进行了系统的测试程序。在评估第二级投标人的建议后，事实上，NASA 已经授予道格拉斯飞机公司第二级 S-IV 合同。5 月，洛克达因公司被选中研制上面级 J-2 液氧液氢发动机。土星 I 号运载火箭系列代号指定为 SA-1～SA-10。SA-1 第一级在亨茨维尔组装，并成功完成了一系列试验，1960 年 6 月 15 日达到了高潮，对 8 台 H-1 发动机进行了 122 秒的点火试验。

1960 年 3 月 15 日，艾森豪威尔总统签署了一项行政命令，将亨茨维尔的 AOMC 设施正式更名为乔治·C. 马歇尔航天飞行中心（MSFC）。7 月 1 日正式开始运营，冯·布劳恩博士为其首任主任。土星项目的工作人员在几个月内从陆军转移到 NASA，这种方式旨在最大程度降低对现有陆军计划的破坏作用。NASA 在 MSFC 成立了运载火箭项目办公室。6 月，NASA 成立发射操作指导机构，库尔特·德布斯博士担任主任。在 7 月的第一周，美国众议院科学和航天委员会指出："在这十年内，执行高优先级项目，实现载人月球探险。NASA 必须围绕这一目标制定明确的计划，并提交国会。"委员会还建议，应加速 F-1 发动机项目，以便赶上新星运载火箭设计定稿。NASA 的太空飞行计划主任阿贝·西尔弗斯坦，在 7 月 25 日的一份备忘录中，告知戈达德航天飞行中心主任哈里·戈特，NASA 已批准名为阿波罗的先进载人航天计划。

1960 年 7 月 28—29 日，NASA 的工业项目计划会议在华盛顿特区举行，NASA 介绍了其任务计划，包括阿波罗计划、运载火箭、基础设施、科研和其他相关领域的状况。还宣布了一系列后续会议将在当年余下的时间里由 NASA 各个中心主办，届时航空航天工业代表将获得更详细的介绍。9 月，在弗吉尼亚州汉普顿兰利研究中心的会议上，NASA 发布了投标人简报，并发出了执行阿波罗登月计划飞行任务的先进载人飞船项目建议书（RFP）。有兴趣的公司只有30 天的时间准备其建议。10 月 10 日，该机构开始评估建议书，并于 10 月 25 日发出三个可行性研究合同给宾夕法尼亚州费城的通用电气公司，加利福尼亚州圣选戈的康维尔/航天公司和马里兰州巴尔的摩的马丁公司。与此同时，地缘政治事件将坚定载人航天计划的目标。

1.2　肯尼迪的月球决策

1960 年 11 月的总统大选，参议员约翰·F. 肯尼迪在总计 6 800多万的公众选票中以超出 100 000 张险胜尼克松，在选举团投票中的微弱领先优势，为他赢得了大选。1961 年 1 月 29 日，他宣誓就任第35 任总统，得克萨斯州参议员林登·约翰逊担任副总统。该月初，肯尼迪在 NASA 总部的太空探索计划委员会听取了关于载人登月模式——直接上升、地球轨道交会对接或月球轨道交会对接的介绍，建立了载人月球探测工作组，确定了每种模式实现载人登月所需的各种要素。由乔治·M. 洛任组长，成员包括 NASA 总部的欧内斯特·皮尔逊、埃尔登·厅、奥兰尼·克斯、A. M. 梅奥和 MSFC 的海因茨·赫尔曼·科勒，兰利太空任务小组的马克西姆·A. 费格特。乔治·M. 洛的委员会花了一个月的时间评估任务模式和可能使用的运载火箭，并于 2 月 7 日向 NASA 局长罗伯特·C. 西曼斯提交了《载人登月计划》。报告提出，要么采用新星直接上升，要么采用土星 C－2 运载火箭在地球轨道组装飞船，并补加足够的推进剂，将它发送到月球。该委员会认为，依靠研制新星大型运载火箭的做法风险较大。

图 1-6　MSFC 首任主任沃纳·冯·布劳恩博士，是熟练演示、能言善辩且有说服力的谈判代表。照片展示了 1961 年 11 月访问 NASA 总部期间，他给载人航天办公室主任布雷纳德·霍姆斯（左一）和系统工程部主任尼古拉斯·戈洛温博士（中间）介绍其想法（NASA/MSFC）

　　1961 年 2 月，詹姆斯·E. 韦伯被任命为新的 NASA 局长。4 月 12 日，苏联将航天员尤里·加加林成功发射到轨道并安全着陆，再次震惊了世界。苏联再次在太空竞赛中领跑，而美国紧随其后。此事件证实，苏联不但有令人印象深刻的助推器，而且也显示了在太空中维持人的生命并使航天员安全返回地球的国家技术能力。

　　4 月 20 日，旨在推翻共产主义独裁者菲德尔·卡斯特罗及其政府而入侵古巴的猪湾行动失败后，肯尼迪立即签发了一份备忘录给太空委员会主席林登·约翰逊，提出了 5 个问题，以确定"……我们在太空中的地位"。这 5 个问题是：

　　1）我们有机会在发射天空实验室，或绕月球旅行，或在月球上着陆火箭，或发射火箭去月球并带回一个人等方面击败苏联吗？是否有其他太空计划使我们可以具有戏剧性胜出的希望呢？

2）它的成本会增加多少？

3）我们是否在全力推进现有计划？如果没有，为什么？如果没有，请你给我提出建议，如何可以加快工作速度。

4）在制造大型助推器上，我们是否应该把重点放在核、化学或液体推进剂，或这三者的结合上？

5）我们是否在尽最大努力？我们取得必要的成果了吗？

为了得到一个现实的评估情况，约翰逊咨询了国防部部长和副部长、空军将军伯纳德·施里弗、海军上将海沃德、冯·布劳恩博士、NASA 局长詹姆斯·韦伯和副局长休·德莱顿、预算局和其他私营企业的代表。一个星期后，约翰逊以 6 页的备忘录做出了回答。他的一些结论如下：

如果愿意，美国能够坚定目标，并利用资源，以合理的时机，在这 10 年内实现世界太空领域的领导地位。虽然这很困难，但即使在承认苏联先声夺人，而且他们将可能继续向前并取得令人印象深刻成就的前提下，也是可以实现的。在某些领域，如通信、导航、气象和测绘，美国可以并应利用现有的领先地位。

例如，载人月球探测，它不仅具有巨大的宣传价值，作为一个目标也是重要的，无论我们能否第一个实现——我们有能力第一个实现。

该备忘录还回答了肯尼迪的具体问题。除了苏联人已经展示的东西外，很难猜测他们的意图或未来助推器的能力，但备忘录指出，美国将做出最大的努力，到 1966 年或 1967 年，实现载人绕月任务或载人登月并返回。在实现这一目标的 10 年期间，成本估计为每年 10 亿美元。国防部敦促研制大型固体火箭助推器。关于肯尼迪的第 3 个问题，该文件指出，土星Ⅰ号运载火箭助推器和半人马座上面级的研制受制于有限的资金和松弛的人力工作日程。"这项工作可以通过果断的决策加快，如果伴随着加速所需要的额外资金，速度会更快。"该文件还建议，应加快液体、固体甚至是核推进的研制工作。关于肯尼迪的最后一个问题，答案是明确的："如果美国想要取得领导地位，我们现在所做的努力和所取得的成果都是远远不够的。"

4 月 29 日，冯·布劳恩向总统呈交了他的详细评估，对载人登月任务做出了两个诚实的评估：

在苏联之前（1965 年或 1966 年），我们有相当大的机会成功发送绕月 3 人乘员组。但如果苏联放弃某些紧急安全功能，并限制为 1 个人的航行，他们可以提前进行绕月航行。我的估计是，1962 年或 1963 年，他们可以执行这个简化的任务。

我们在乘员首先登月上（当然包括返回能力）有一个很好的击败苏联人的机会。原因是，要实现这一壮举，火箭的性能必须比现有的火箭提高 10 倍。虽然今天我们没有这样的火箭，但苏联也不太可能拥有。因此，我们不必进入有利于苏联的，对我们无望的太空探索新目标的竞赛中。我们要有一个全面应急计划，我认为可以在 1967—1968 年实现这一目标。

他用同样坦诚的态度回答肯尼迪的最后一个问题，然后详细阐述应该做什么：

不，我不认为我们正在竭尽全力。在我看来，改善我们国家在太空领域的形象并加快速度的最有效的措施是：

1）在我们太空计划的目标中确定一些（越少越好）作为国家最高优先级的目标（例如，在 1967 年或 1968 年将航天员送到月球上）。

2）确定我们目前太空计划中可以对实现这一目标有直接作用的要素（例如，将合适的仪器在月球上软着陆，以确定人们将在那里发现的环境条件）。

3）将我们国家太空计划中的所有其他要素"暂时搁置"。

4）为我们国家的运载火箭计划增加另一个更强大的液体推进剂助推器。这个助推器的设计参数应允许有一定的灵活性，可以在得到更多的经验后，适应计划重新定位。

例如，除了目前正在研制的以外，还研制一种第一级为液体燃料的助推器，该助推器总冲为土星第一级的两倍。如果需要的话，设计将应用于发动机簇。有了这个助推器，我们可以：

a）使土星目前设想的有效载荷翻倍。这种额外的载荷能力将对设施在月球软着陆、绕月飞行和实现载人登月的最终目标（如果从现在开始几年后，在轨补加将变成更有前途的方案）非常有益。

b）将三个或四个助推器捆绑成一个簇组装成一个更大的单元。几年后，在轨道交会对接和在轨补加碰上困难时，以及载人登月"直接上升"似乎更有前途时，将采取这种做法。

总之，我想说，我们在与一个坚定的对手进行太空竞赛，其和平时期的经济在按照战时体制运作。我们的大多数程序是为有序的、适于和平时期的条件而设计的。我不相信我们能够赢得这场竞赛，除非我们采取迄今被认可的、只在国家紧急状态时使用的一些措施。

冯·布劳恩
敬上

由于要征询月球任务的建议、制定规划和举行立法活动，1961年 5 月是一个忙碌的月份，这个月人们还见证了美国历史上第一位航天员的发射升空。5 月 2 日，NASA 副局长罗伯特·C. 西曼斯为"载人登月研究"建立了特设工作组，由威廉·弗莱明主持工作。工作组将为载人登月任务各方面提出建议——重点是使用土星还是新星运载火箭，6 月中旬将会出报告。

5 月 4 日，副总统约翰逊收到了众议院科学和航天委员会主席、众议员奥弗顿·布鲁克斯的一封信。布鲁克斯非常清楚，苏联太空探索的成功，在技术和政治上已经击败了美国。在信的开头部分，他明确指出国家必须做的事项，指出国会要采取一切必要措施，以获得美国在太空的领导地位：

这是我的信念，我认为在这一点上，我可以代表我们的委员会说，美国必须竭尽所能，以获得在太空探索中无可争辩的领导地位。

这意味着需要有足够的科学人才、劳动力被使用，有足够的原

图 1-7　土星Ⅰ号运载火箭助推器证明了大型液体火箭发动机簇的可行性。该计划也为 NASA、MSFC 在多发动机助推器的生产、试验和发射方面积累了许多经验。其后，此类型助推器应用于土星Ⅴ号运载火箭（NASA/MSFC）

材料资源可采购，并有足够的资金可支出。这意味着在我们太空计划的所有领域——而不只是少数领域，要日以继夜地工作（若有需要）。

原因显而易见。无论对错，在世人眼里，太空研究和探索的领导权在构成我国政治地位的因素中占据了如此崇高的地位，我们无法以任何方式对其加以轻视。对我们国家来说，非军事领域的太空活动比军事领域的太空活动更加重要。很明显，无论哪个领域都不可轻视。

布鲁克斯指出，苏联至少花费其国民生产总值的 2% 用于太空探索活动，而美国花费了大约国民生产总值的 0.5%。他代表整个委员会辩护时，写道：“我们认为，必须做出特别努力来加强阿波罗、土

星、漫游者（核动力火箭发动机）等计划，以及固体分段式和 F-1
液体发动机方案。"他指出了委员会对月球探测的态度："我们应该
大力推动我们的载人太空计划。我们不能将月球让给苏联人，不难
想象，控制月球的国家可以很好地控制地球。"

约翰逊副总统在研究布鲁克斯的备忘录时，国家的注意力都集
中在卡纳维拉尔角搭载着水星太空舱自由 7 号的一枚红石火箭上。
航天员艾伦·B. 谢泼德准备成为美国第一个进入太空的人。5 月 5
日清晨，谢泼德进入狭窄的太空舱，插好舱门闩。至关重要的是美
国首次载人航天飞行要取得成功。红石火箭在上午 9 时 34 分升空，
数百万计美国人的心漏跳了一拍。火箭将太空舱释放在远地点为 187
千米高空的轨道上。太空舱滑翔时，谢泼德能够体验到失重的感觉，
但在狭窄的机舱内，他不得不维持被绑在座椅上的状态。因为这是
在亚轨道飞行，很快，太空舱的自动化系统把它调转过来，让热屏
蔽结构面对大气层，为猛烈的再入做好准备。历时不到 16 分钟的飞
行后，太空舱溅落大西洋，但在那个时候，美国人已经感到欢欣鼓
舞。任务取得了圆满成功，美国的载人航天计划正式开始了。

肯尼迪总统随后耗费数星期提炼主题为"国家的迫切需要"的
专题演讲，并于 5 月 25 日提交至美国国会联席会议。在太空主题会
上，他说：

最后，如果我们要赢得正在世界各地进行的、自由和专制之间
的这场战斗，在最近几个星期发生的巨大的太空成就，就如同 1957
年的人造卫星那样，应该使我们所有人明白，这种探险对世界各地
试图确定应该走哪条路的人们的思想产生了影响。从我任期早期开
始，就一直对我们的太空工作进行评估。在但任国家太空委员会主
席的副总统的建议下，我们评估了我们强大在哪，弱点在哪，我们
可能成功的地方和可能失败的地方。现在正是大发展的时代，是伟
大的新美国企业的时代，是美国的太空成就取得明显主导作用的时
代，这些成就在许多方面将掌控我们在地球上的未来。

我认为，我们拥有所有必要的资源和人才。但事实的真相是，

我们从来没有做出国家决策或整合国家资源，以取得这样的领导地
位。我们从来没有在一个紧迫的时间表上有明确的长期目标，也从
未整合我们的资源以确保实现这些目标。

　　要认识到，苏联的先声夺人是利用大型火箭发动机取得的，这
为他们提供了数月的领先时间。要认识到，他们有可能利用这一段
时间，率先取得令人印象更深刻的成功，所以我们需要做出新的努
力。尽管我们不能保证，我们有一天将成为第一，但我们可以保证，
如果我们不付出任何努力，我们将是倒数第一。我们将计划公布于
世，在众目睽睽之下增加了额外的风险，但如同航天员谢泼德的壮
举，当我们成功的时候也会增强我们的地位。但是，这不只是一场

图 1-8　土星运载器内装 4 台发动机固定紧凑，形成发动机簇，
外侧 4 台发动机可以通过常平座来操控助推器（NASA/MSFC）

竞赛。太空正向我们开放。我们渴望，在不受别人的工作成就控制下分享其含义。我们进入太空，因为这是人类无论如何都必须做的，自由的人必须充分共享。

因此，除了我早期为太空活动所要求的额度外，我还请求国会，提供需要的资金实现以下国家目标：

首先，我认为，我国应致力于实现这样的目标：在这个年代结束之前，将一个航天员送上月球，并让他安全返回地球。在此期间，再没有令人更激动、比远距离太空探索更重要的项目，也没有完成起来如此困难或昂贵的项目。我们建议加速研制合适的月球飞船；建议研制远远大于任何目前正在研制的可替代的液体和固体助推器，直到确定哪个优越为止；建议增加资金用于其他发动机的研制和无人探索，无人探索对这个国家将永远不会忽视的一个目标而言特别重要——使这个首先飞行的勇敢的人存活。但是，从真正意义上说，这不是一个人去月球——如果我们做出肯定的判断，那将是整个国家。因为我们所有人都必须努力工作将他送到那里。

1.3　登月运载器研究

肯尼迪在讲话中，又列出了太空探索等方面的资金需求，而听到数字的国会议员并没有退缩。同一天，罗伯特·C.西曼斯要求运载火箭计划办公室主任和DARPA办公室主任，成立一个来自各团体和在NASA遴选出的其他人员组成的委员会，研究出月球着陆需要的运载火箭和任务模式。布鲁斯·T.伦丁被任命为主席。在此期间，约翰·C.豪鲍尔特介绍了由兰利研究中心中的一个团队设计的月球轨道交会计划。事实上，月球轨道交会任务模式处于弱势，豪鲍尔特花费了近两年时间说服NASA权力机构，证明该任务模式的优势。太空任务小组成立了飞行器集成部，成员包括飞行系统部首席马克西姆·A.费格特。6月10日，伦丁委员会介绍了《载人登月任务的各种运载器系统研究报告》的结论。报告对土星C-2和C-3

运载火箭进行了研究，建议使用两发或三发土星 C-3 运载火箭，运送乘员组去月球的飞船需要在地球轨道上进行组装。一个星期后，弗莱明委员会发表报告。报告称，载人登月计划在本年代内应该是可行的，关键是运载火箭第一级的研制及相关的试验设施。

1961 年 6 月 20 日，西曼斯又建立了以唐纳德·H. 希顿为首的另外一个特别任务小组，由运载火箭计划、太空飞行计划、高级研究计划与生命科学计划的办公室主任参与。该小组旨在评估弗莱明和伦丁的研究结果，整合必要的资源，制定必要的计划，采用土星 C-3 运载火箭和适当的交会程序，在 1967 年前实现载人登月。6 月 23 日，冯·布劳恩博士说，将停止土星 C-2 运载火箭工程，而集中在土星 C-3 运载火箭和新星运载火箭方案上。与此同时，在 6 月 5 日举行了庆祝仪式，以纪念 34 号发射台竣工。太空任务小组于 7 月 25 日，发布了题为《阿波罗计划：土星 C-3 运载火箭和新星运载器的说明》的 1023 号工作报告。正如 STG 所描述的，土星 C-3 运载火箭第一级由一对 F-1 发动机提供动力，第二级为 4 台 J-2 氢氧发动机簇，而第三级为 6 台 RL-10A-3 氢氧发动机簇。它能够将 45 吨载荷送入近地轨道，或发送 17.7 吨到月球。工作报告提供了发射设施、性能特点、级分离时序设计、弹道和其他信息。阿波罗太空舱、发射逃逸系统和本书说明的服务舱非常接近于最终脱颖而出的设计。作者也承认，新星处于"非常初步的规划和设计阶段"。如上所述，新星是一只猛兽。第一级直径 13.2 米，高度 103 米，由 8 台 F-1 发动机提供动力，总推力为 53 980 千牛。第二级有 8 台 J-2 发动机，总推力为 8 264.8 千牛。第三级有一对 J-2 发动机。新星运载火箭设想成可支持直接上升，不需要进行地球轨道或月球轨道的交会。由于直接上升所设计的航天器将远远大于采用专门月球着陆器的航天器，因此新星运载火箭理论上可以发送 82 吨载荷到月球。然而，由于新星运载火箭只是处于初步研制状态，相对于土星 C-3 运载火箭，太空任务小组没有什么可说的，但是，规模庞大的新星运载火箭对"太空港"的拟议设计有显著影响。

　　1961 年 8 月 7 日，在冯·布劳恩博士的办公室举行了一个重要会议，讨论 MSFC 对先进运载火箭的态度，特别是土星 C－3、C－4 和新星。出席者包括埃伯哈德·里斯博士（研究和发展副主任）、埃里希·诺伊贝特先生（在成为里斯副职之前，担任 ABMA 系统分析和可靠性主任）、海因茨·赫尔曼·科勒（未来项目办公室主任）、威廉·姆拉泽克博士（推进和运载器工程部主任）、汉斯·H. 莫斯（中央规划办公室主任）、奥斯瓦尔德·H. 兰格博士（土星系统办公室主任）、库尔特·德布斯博士（发射操作部主任）、J.C. 麦考博士（冯·布劳恩博士的助理）、MSFC 的威尔逊·B. 施拉姆以及爱德华·莫里斯。

　　施拉姆先生做了报告，指出太空任务小组建议研制直径为 160 英寸（4.06 米）的固体推进剂发动机，然后，他做了一份由喷气推进实验室准备的，关于提议运载器仅使用固体推进剂的报告。科勒先生介绍了未来项目办公室准备的，关于土星 C－3 运载火箭助推器采用 2 台 F－1 发动机，C－4 运载火箭采用同样的 4 台发动机，而新星运载火箭采用 8 台发动机的一份文件。冯·布劳恩博士讨论了登月任务所使用的各种运载器，然后征询每个人关于实现载人月球着陆最好和最快方法的建议。施拉姆先生赞成快速研制新星运载火箭用于直接上升，以土星 C－3 运载火箭作为后备。科勒先生推荐地球轨道交会，使用土星 C－1 运载火箭，研制土星 C－4 运载火箭，并在新星运载火箭上面级使用高能推进剂。莫斯先生建议研制土星 C－4 运载火箭，他认为国会不会给新星项目提供资金。兰格博士敦促，若有可能，采用 J－2 发动机升级土星 Ⅰ号运载火箭，并研制土星 C－3 运载火箭。姆拉泽克先生指出，土星 C－4 运载火箭构型底部受热问题比土星 C－2 运载火箭更为严重，建议立即研制土星 C－3 运载火箭，而新星运载火箭第一级采用推进剂贮箱簇或固体发动机簇。莫里斯先生认为，同时投资土星 C－3 运载火箭和新星运载火箭将不切实际，并敦促研制土星 C－4 运载火箭。里斯博士持悲观意见，认为美国以目前的进度和资金支持，在登月项目上并没有击败苏联人的机会，并说，苏联将有可能在月球上建立一个基地，阻止美国人到访。尽管如此，他得出的结论是，美国应该着手一个有适度资金支持的紧急计划，以率先实现登月。德布斯博士建议土星C-1运载火箭采用固体火箭助推器，同时研制固体和液体火箭助推器，但青睐于固体火箭研制，这是由于固体火箭更为简单，他敦促立即研制土星C-3运载火箭，并建议进一步研究新星运载火箭的各种可能构型后，启动新星研制工作。诺伊贝特先生说，NASA应专心液体推进剂系统的研制，以期在1967年之前实现登月，并敦促研制土星C-4运载火箭，虽然还要进一步研究如何转运各种级，但是它不需要新的制造设施。听了每个人的建议后，冯·布劳恩博士提出了自己的建议。他认为土星C-4运载火箭能够提供到月球的最大有效载荷，他补充说，由于土星C-4运载火箭不能保证直接上升，进行地球轨道交会将是明智的。最后达成的共识是，应尽快研制土星C-3运载火箭。为了得到月球着陆任务最佳的运载器，应对新星运载火箭进行几个月的研究再做出最终决定。在飞月方式确定之前，新星运载火箭必须作为一个选择保留；如果决定采用直接上升模式，就需要新星运载火箭；但如果决定采用交会对接的形式，则使用较小的火箭就足够了。

直接上升的新星运载火箭构想的最详细研究来自MSFC未来项目办公室。1961年4月科勒表示，运载火箭首先是新星-A、新星-B和新星-C。新星-A运载火箭将采用2台F-1发动机，总推力为13 495千牛，或大约是土星C-1运载火箭推力的2倍。新星-B运载火箭的推力为新星-A运载火箭的2.5倍。而新星-C运载火箭的第一级，将有8台F-1发动机，海平面总推力为53 980千牛。其第二级将有2台F-1发动机，第三级有4台J-2发动机，第四级有6台RL-10发动机，第五级有2台RL-10发动机。未来项目办公室还研究了固体推进剂的第一级、第二级和氢氧上面级。新星运载火箭在这个时候的图像显示，第一级固体火箭发动机簇很笨拙，而上面级却高高在上。设计人员在1961—1962年一直对设计进行了细

图 1-9　1962 年 9 月，冯·布劳恩博士欢迎约翰·F. 肯尼迪总统视察 MSFC

化。火箭助推器的发展历史已经表明，研制较大的助推器总是可取的，可以想象的是有效载荷可能会增加，将需要比"先进"版本的土星更强大的东西，在这种情况下，研制新星可能是明智的，即使月球任务决定采用交会对接。由于国家在太空探索的优先任务是载人登月，所以，有关运载器的问题，就必须保持公开，直到做出如何实施这一目标的决定为止。

1.4　月球任务模式细化

20 世纪 50 年代末和 60 年代初，在运载火箭的研究阶段和征询建议期间，NASA 故意不做出任何决定，以免对航天员登月的火箭设计造成实际影响。地球轨道交会将需要发射大量的土星运载火箭，在轨道站交会对接，组装将前往月球和返回地球的各种级。使用新星运载火箭直接上升将避免这种复杂的对接过程，但需要研制规模空前的运载火箭。在这两种情况下，整个飞船都将降落在月球上。第三种方案开始出现在 1959 年，那时，兰利研究中心副主任尤金·德拉利成立了一个工作小组研究月球探测问题，成员包括无人机研究部的保罗·希尔、超声速空气动力学部的太卫·亚当森、动态载荷部的约翰·C. 豪鲍尔特、理论力学部的比尔·迈克尔、稳定性研究部的阿尔伯特·施嘉瑞和全尺寸研究部的塞缪尔·卡佐夫，组长为理论力学部的克林顿·E. 布朗。在 1959 年夏天，豪鲍尔特博士建立了 2 个分组研究轨道力学和太空交会对接方案。豪鲍尔特是交会对接的一个执着拥护者，他认为交会对接是任何载人航天计划的一个重要方面，不论是涉及地球轨道站，还是月球和太阳系行星的探索。特别是，他认为月球轨道交会是实现月球探测最廉价的重要手段。从本质上讲，火箭将发送有其自身推进系统的乘员舱并摆渡一个包括下降级和上升级单独的月球登陆器到月球，一旦到达月球轨道，乘员将转移到着陆器上，与母舱分离并降落到月球上。完成探索后，上升级升空，而留下下降级。一旦上升级与母舱交会对接，乘员将转移至母舱上，与上升级分离。飞船离开月球轨道，在接近地球时，抛弃推进系统，留下乘员舱重返大气层。这种月球任务模式的美妙之处是登月飞行器的构型最轻。有效载荷质量减少量使助推器必需的起飞重量降低到没有必要采用新星运载火箭的程度。事实上，如果飞船能以总体构型发射，就没有必要进行多次发射和在地球轨道交会。

1960—1961 年，豪鲍尔特一直在 NASA 推广月球对接模式的优势。事实上，该模式处于十字路口。与其他两种模式相比，他觉得这是实现载人登月并返回的最有效、事实上也是最简洁的模式。但他收到的答复不是漠不关心就是完全反对。NASA 的许多资深人士青睐于直接上升，而其他人，如冯·布劳恩博士，则倾向于使用地球轨道交会模式。在地球轨道交会中如果出现故障，航天员将能够返回地球。令人担心的是，如果在月球轨道交会失败，那么乘员将滞留在那里。但无论选择哪种月球任务模式，从发射那一刻到在地球上着陆那一刻，航天员都有风险。正如豪鲍尔特在阿波罗计划已经成功执行数年后接受采访时解释说："几乎普遍反对，没有人会接受它，他们甚至不研究它。"洛委员会、伦丁委员会、希顿委员会认定月球对接模式成功的可能性最小，但豪鲍尔特仍在坚持。1961 年8 月，他将月球对接模式提交给戈洛温委员会，得到了很好的支持，甚至太空任务小组的那些人也已经开始认真考虑它。改变了他们想法的是，在月球上着陆单个大型飞船的难度。假若该飞船又长又薄，并在底部周围有腿，如果它来到了不平坦的月面上，很可能会翻倒，除了直挺挺的模式以外还有其他降落模式吗？一艘专门的飞船更容易着陆。豪鲍尔特直接给 NASA 局长西曼斯提交了一封长信详细描述了月球对接模式。西曼斯向豪鲍尔特保证，他的建议会在 NASA总部得到一个公正的评价。西曼斯将信转交给载人航天办公室（接替西尔弗斯坦）的新负责人 D. 布雷纳德·霍姆斯。航天器和飞行任务部主任乔治·洛博士也收到了豪鲍尔特的信。月球对接模式终于得到认真考虑，但决定采用月球轨道对接模式还要等几个月。

1.5　土星脱颖而出

1961 年 9 月，NASA 宣布，战争剩余物资的政府设施（路易斯安那新奥尔良附近的米楚德装配厂）被选为土星 C-3 运载火箭和拟议中大型运载火箭的制造、装配和总检场地。9 月 17 日，NASA 给 30 多家公司发布了招标书，用于土星 I 号运载火箭第一级的工程设计和制造，投标会议在 9 月 26 日举行。该合同最终由克莱斯勒公司获得。

在 10 月的第一周，喷气推进实验室发表了其原有技术备忘录第 33~52 号补遗内容：原始文件对采用固体推进剂的新星运载火箭、液体推进剂的土星 C-3 运载火箭和第四种模式的直接上升模式进行了评估，第四种模式为月球表面对接模式——航天员将借此组装他们返回地球的飞船！补遗阐述了每个运载火箭计划单独执行或并行执行的长期影响。固体推进剂新星运载火箭的质量约 11 340 吨，这是一个惊人的数字！固体推进剂新星运载火箭很可能比液体推进剂的新星运载火箭研制得更快。但是，固体和液体推进剂新星运载火箭并行研制，财政上可能负担不起。该报告指出，火星载人飞行任务应采用任意一种构型的新星运载火箭。

同时，在卡纳维拉尔角继续准备土星运载火箭第一次发射。SA-1 在很多层面上是一个测试：不仅在于飞行性能，还在于运载火箭从制造到运输至卡纳维拉尔角、在发射架上装配、系统总检、遥测和跟踪的整个链条。前四枚运载火箭，被称为第一模块，采用模拟上面级。第五次试验将有一个"真实"的第二级。其中，第三级（S-V）已被取消。

1961 年 10 月 27 日，重 417 吨的 SA-1 运载火箭从发射综合设施 34 号起飞。8 台 H-1 发动机工作完美，运载器到达远地点 136.8 千米的一个亚轨道上。内部发动机在其计划的 109 秒关闭，外侧发动机在 115 秒关闭。整个运载器掉入大西洋，溅射区域为数千米。

图 1-10　弗吉尼亚州兰利研究中心的约翰·C. 豪鲍尔特博士介绍阿波罗计划月球轨道对接任务模式。NASA 采用这一模式将新星运载器排除在外

（NASA/兰利研究中心）

MSFC 的冯·布劳恩博士和在卡纳维拉尔角的德布斯博士的团队为月球着陆计划这一具有里程碑意义的成就而兴高采烈。

　　1961 年 11 月 10 日，NASA 收到 5 家公司建造先进土星运载火箭第一级的建议，每项建议中都确定了构型。由于规模迅速扩大，已超出兰利的范围。当月，太空任务小组搬迁到得克萨斯州休斯敦新建成的载人航天器中心（MSC）。太空任务小组的负责人罗伯特·吉尔鲁思博士成为新的中心主任。11 月 20 日，运载火箭和推进部主任米尔顿·罗森，给 D. 布雷纳德·霍姆斯送去了他的工作组关于大型运载火箭的研究结果。有如下建议：

　　1）立即开展一项计划，开发交会对接能力。

2）研制由 5 台 F - 1 发动机提供动力的运载火箭助推器，第二级由 4 台或 5 台 J - 2 发动机提供动力，第三级由单台 J - 2 提供动力，这就是土星 C - 5 运载火箭的雏形。

3）直接上升应该强调尽可能在最短的时间实现首次载人登陆。这将需要新星运载火箭在助推器上采用 8 台 F - 1 发动机，第二级采用 4 台 M - 1 发动机，第三级采用 1 台 J - 2 发动机，应作为国家最高的优先级研制。

4）大型固体助推器，不应被考虑用于登月计划，除非其满足国家考虑的其他需求。

5）应该开始研制采用 1 台 J - 2 发动机的 S - ⅣB，1964 年，作为上面级参加土星ⅠB 运载火箭飞行试验，建议将其作为土星 C - 5 运载火箭和新星运载火箭的第三级。

6）尽管 NASA 对空军提出的大力神Ⅲ号运载火箭目前没有要求，但如果该型火箭继续研制，NASA 会同空军保持联系，并关注其在 NASA 的潜在用途。

1961 年 12 月 7 日，NASA 选择了波音公司作为土星 C - 5 运载火箭第一级 S - ⅠC 的一个潜在制造商。一个重大举措是，D. 布雷纳德·霍姆斯发出一份备忘录给罗伯特·C. 西曼斯，提出了水星后面的载人航天计划的初步发展计划，命名为水星 Mark Ⅱ，其主要目标是发展和完善交会对接能力，以利于未来涉及空间站的载人航天计划，即使选中直接上升模式。转天，罗伯特·R. 吉尔鲁思宣布双人的载人飞船比水星舱更大、更重，将由麦克唐纳飞机公司研制，该公司曾建成了水星飞船。将由空军提供的二级大力神Ⅱ号运载火箭发射。在 1 月份，NASA 宣布这项计划的名称为双子星座。

12 月 21 日，D. 布雷纳德·霍姆斯宣布载人航天飞行管理委员会成立。委员包括 NASA 的关键人员：罗伯特·吉尔鲁思博士、沃纳·冯·布劳恩博士、米尔顿·罗森、乔治·M. 洛博士、埃伯哈德·里斯博士、查尔斯·H. 罗德曼博士（航空航天医学主任）和约瑟夫·F. 谢伊博士（霍姆斯的副手）。理事会在首次会议上决定，采纳罗森的研究建议，土星 C - 5 运载火箭第一级动力为 5 台 F - 1 发动机，第二级动力为 5 台 J - 2 发动机，第三级动力为 1 台 J - 2 发动机。理事会还敦促波音公司拿出 S - I C 完整的设计研究、详细生产和研制计划。1962 年 1 月 5 日，北美航空公司发布了 3 人组阿波罗太空舱设计方案。1 月 9 日，NASA 正式宣布，土星 C - 5 运载火箭被选为载人登月任务的运载器。吉尔鲁思打电话给豪鲍尔特，邀请他给载人航天飞行管理委员会介绍轨道交会模式。2 月 6 日，豪鲍尔特和其同事兰利、工程师查尔斯·W. 马修斯（居双子星座计划最高职位）一起完成了这项工作。现在，太空任务小组成了月球轨道对接模式的坚强后盾，但冯·布劳恩的研究小组仍然倾向于地球轨道交会。

1962 年最初的几个月，太空任务小组继续进行研究，以确定在肯尼迪本年代任期结束的最后期限内实现载人登月的最佳方法。MSFC 继续做地球轨道对接与直接上升模式的比较研究，而 MSC 则集中在月球轨道对接。NASA 还聘请了外部承包商，如太空技术实验室（汤普森·拉莫·伍尔德里奇公司的子公司）进行直接上升的研究。1962 年 1 月，喷气推进实验室发布了其 33～52 号技术备忘录原文件的第 2 部分：《直接上升载人登月计划采用的全固态推进剂新星发射系统》。报告研究了运载火箭的设计（固体火箭发动机外壳、喷管构型和材料等）、性能、生产手段，包括推进剂的处理及装入发动机壳体、级组件向卡纳维拉尔角的运输、运载器的装配以及拟建在 6～12 英里（9 656.06～19 312.128 米）近海大规模平台上的发射设施（发射运营局认真地研究这种可能性，连同从卡纳维拉尔角进行的陆基发射）。此新星运载器的第一级有 7 台固体火箭发动机，可将 59 吨的飞船运送到月球。尽管尺寸和重量巨大，JPL 仍认为其制造和发射在技术上是可行的。

1962 年 2 月 14 日，NASA 与波音公司签署了一份土星 C - 5 运载火箭第一级 S - I C 的合同，其内容是"灌输、熟悉和规划，预期牵引后续设计、研制、制造、测试和发射操作"。四个星期后，

NASA 局长詹姆斯·E. 韦伯致信肯尼迪总统和副总统约翰逊，要求给予阿波罗计划国家最高优先级。4 月 11 日，总统批准了国家安全行动备忘录第 144 号，给予阿波罗计划、土星 C-1 和土星 C-5 运载火箭，连同所有必要的支持项目 DX 优先级，以实现载人登月并安全返回地球的国家新目标。一个星期后，NASA 宣布了此消息。4 月中旬，MSC 代表给 MSFC 详细介绍了月球对接的优势。4 月 24 日，MSC 运载火箭和推进部主任米尔顿·罗森，建议专门设计用于月球轨道交会模式的载人登月土星 C-5 运载火箭，设计 S-Ⅳ B 第三级专门用于支持该任务模式。4 月 25 日，SA-2 从卡纳维拉尔角成功发射。

1962 年 6 月 7 日，在约瑟夫·F. 谢伊博士之前，关于登月计划模式的选择，在 NASA 总部举行了一个演示。会期将近一天，在会议结束前，冯·布劳恩博士提出了他的建议和结论：

六个小时前，我们呈现了一些我们在马歇尔为载人登月工程所做的许多研究结果。所有这些研究的目的是找出潜在的技术问题，并且做出合理和现实的进度估计。研究目的在于帮助您在载人登月工程模式选择上做出最终建议。

我们的结论是，所有研究过的 4 种模式在技术上都是可行的，若有足够的时间和资金是可以实现的。但我们按以下顺序列出了一个明确的偏好列表：

1）月球轨道交会模式，强烈建议（为了弥补这种模式的增长潜力限制）同时启动不载人的、全自主、单程物流运载器 C-5 的研制。

2）地球轨道交会模式（加油模式）。

3）C-5 运载火箭直接模式，其指令舱规模最小，可高能返回。

4）新星或 C-8 运载火箭模式。

冯·布劳恩强调，为了实现本年代结束前的阿波罗载人登月目标，如果进度、合同、待定的航天器和运载火箭的组装和发射基础设施能够如期完成，则 NASA 必须在 7 月 1 日之前决定所采用的模式。冯·布劳恩给出了月球对接模式令人信服的理由：1）他认为这

图 1-11　1962 年 4 月以来的土星 C-1、C-5 和新星运载火箭的
规模比较（NASA/MSFC）

个模式"在这十年中完成任务的置信度最高"；2）它有足够的性能
余量。

据我们了解，载人航天中心最初也对兰利研究中心约翰·豪鲍
尔特提出的先进月球轨道交会模式的建议持怀疑态度，他们花了相
当长一段时间来证明该方法的可行性，并最终认可了它。

因此，在此背景下，可以得出这样的结论，"在此发明"与"非
在此发明"的问题并不适用于 MSC 或 MSFC，这两个中心都真正接
受了第三方提出的计划建议。毫无疑问，现在 MSC 和 MSFC 的人员
对四种模式的各个方面进行了比任何其他小组更详细的研究。此外，
载人航天办公室最终将不得不仰仗这两个中心来"交付货物"。我认
为，这两个中心经过深刻反省，得出了相同的结论，这对于载人登

月计划的确是很幸运的，应该给载人航天办公室更多的保证，使我们的建议应该不会太远离真理。

两个星期后，载人航天飞行管理委员会决定采用月球轨道交会模式，一致同意用土星 C-5 作为运载器。但也建议，在土星 C-5 运载火箭开始使用后，应该继续新星运载火箭的研究。

1.6　土星直接上升研究

天平从直接上升模式倒向月球轨道交会模式，但委员会仍在评估直接上升的可行性和优越性。1962 年 6 月 25 日，太空技术实验室提交了《阿波罗计划直接飞行时间表和可行性研究》。除了研究"直接飞行任务时间表的各个方面，土星 C-5、土星 C-8 和新星被视为替代运载火箭"，该实验室强调"航天器及其元素的定义适用于 C-5 运载火箭直接飞行任务"。该报告超过 300 页，深入研究并对运载火箭、飞船和生产进度等各方面提出了建议。初步调查结果表明，土星 C-5 运载火箭加上氢氧上面级和一个轻量级的飞船能够以直接上升的模式提供令人满意的有效载荷裕度，且不需要专门的月球登陆飞船。相反，第三级将主要作为登月级，本身拥有使用 3 台普惠 RL-10A-3 氢氧发动机的离轨级，这 3 台发动机用于下降的初始阶段。第三级将在 1 000 米的高度被抛弃，而游动推进级使飞船降落。提出这种方法使着陆飞船重心降低。上升级将由单一的 RL-10A-3 发动机提供动力，推动飞船离开月球轨道并返回地球。该飞行器设计研究假设月球转移轨道质量为 40.8 吨。该研究也涉猎土星 C-8 和新星构型。C-8 一级 S-ⅠC 有 8 台 F-1 发动机，二级 S-Ⅱ 有 5 台 J-2 发动机（C-8-主型有 9 台 J-2 发动机），而 S-ⅣB 有单台 J-2 发动机。虽然新星的第一级将更大，但仍然采用 8 台 F-1 发动机。然而，其第二级将采用宇航喷气公司的 2 台 M-1 发动机。第三级将采用单台 J-2 发动机。经计算，C-8-主型和新星起飞质量为 4 082 吨。在月球转移轨道有效载荷预计中，C-8 为 58.65 吨，

C-8-主型为 64.7 吨，新星为 77.56 吨。这项研究确定，交付 C-5 和 C-8 运载火箭只差了 4 个月，在 1967 年的夏天使用 C-5 运载火箭实施载人登月是可行的。该报告指出，首次月球任务采用新星运载火箭会比采用 C-5 运载火箭晚 20～24 个月。

1963 年 2 月，太空技术实验室发布了一份跟踪报告，对用于 2 名航天员的直径缩小的指令舱，和先前 3 名航天员的指令舱进行了评估。2 人任务将持续 8 天，而 3 人任务为 10 天。像以前一样，登月级由离轨级、登月级、月球起飞级和指令舱组成。然而，该报告发布前，NASA 已经决定了阿波罗载人登月任务的模式。

1.7　选择月球轨道交会对接模式

1962 年 7 月 11 日，在 NASA 总部举行的一次记者招待会上，詹姆斯·E. 韦伯局长宣布，阿波罗计划任务将采用月球轨道交会模式。那时，约翰·豪鲍尔特在国外，在巴黎给北约航空航天研究与发展咨询机构宣讲论文。他从他的科长——艾赛多尔·加里克博士那里得知 NASA 的决定，而加里克博士是通过阅读《国际先驱论坛报》获悉该消息的，豪鲍尔特简直不敢相信，他的长期斗争已取得了胜利。

正如冯·布劳恩在《土星巨人》第 3 章阿波罗月球探险 (NASA SP-350，1975) 中写道：

正如世界上所有人都知道的，最终选定月球交会对接模式。但是，即使获得采用，在相当长一段时间内，月球火箭第一级 F-1 发动机的数量仍然没有得到解决。负责马歇尔项目规划组的科勒，对土星构型进行了详细研究，第一级采用 4 台 F-1 发动机的是土星Ⅳ号（土星 C-4）运载火箭，而另一个采用 5 台 F-1 发动机布局的是土星Ⅴ号（土星 C-5）运载火箭。由于登月舱质量和仍然未经试验验证的 F-1 和上面级发动机推进性能的不确定性，以及希望留有一定的（质量）增长余量，最终我们选择土星Ⅴ号运载火箭的构型。

康拉德·丹嫩贝格是德国火箭团队的元老，是 MSFC 土星 V 号运载火箭的副经理。他还记得最终需要的 F-1 发动机数量问题，正如 2006 年他在接受笔者采访时回忆说：

起初，土星 V 号运载火箭只有 4 台 F-1 发动机。名为"休斯敦人"的太空任务小组承诺他们的登月设备质量不超过 100 000 磅（45.359 吨）。增加质量这种事总会发生的，设备会变得比最初认为的更重。当冯·布劳恩看到质量越来越接近 100 000 磅时，在与波音公司的合同谈判期间，他最后一刻做出关键决定，加上第五台发动机，因为他预测月球着陆器将比 100 000 磅重很多。月球着陆器最终的质量约为 125 000 磅。

1962 年 6 月，NASA 还发布了"S-IC 静态试验台建在 MSFC"的建议。一个月前，洛克达因公司进行了一次 F-1 发动机全推力长程试验。设计或建设中的大部分阿波罗基础设施分布在全国各地的 NASA 设施内，以及其他承包商所在地。在 9 月，肯尼迪总统和约翰逊副总统访问了 MSFC。当他们走下空军一号时，冯·布劳恩博士在那里迎接他们。肯尼迪花了两天时间，参观了设施，并亲眼目睹了土星 I 号运载火箭助推器点火试验。总统和冯·布劳恩之间的这次会见，是冯·布劳恩职业生涯的决定性时刻，总统和国家信任和肯定了 MSFC 在研制强大的 S-IC 和 F-1 发动机项目管理中起到的关键作用。1963 年 2 月 7 日，NASA 正式废除字母、数字命名的土星运载火箭：土星 C-1 变成土星 I，土星 C-IB 变成土星 IB，土星 C-5 变成土星 V。

现在，美国以不可阻挡的步伐迈向实现载人登月、调查月面性质，并安全返回地球的惊人目标。阿波罗将考验成千上万美国人在科学、工程、制造和管理方面的能力。但这样做会使美国变成经济和技术超级大国。国家还经历了 1963 年 11 月 22 日肯尼迪总统遇刺的创伤，全国范围院校校园抗议越南战争的震撼和妇女解放运动的惊喜。那时，令数百万美国人最骄傲的时刻，不过是追踪水星、双子星和阿波罗计划的消息。

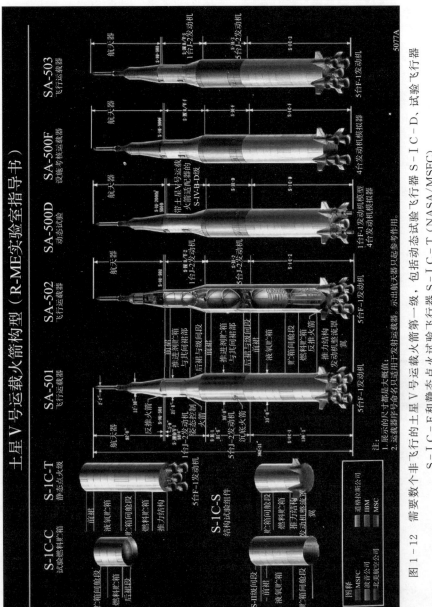

图 1 - 12　需要数个非飞行的土星Ⅴ号运载火箭第一级，包括动态试验飞行器 S－Ⅰ C－D、试验飞行器 S－Ⅰ C－F 和静态点火试验飞行器 S－Ⅰ C－T (NASA/MSFC)

　　然而，要实现航天员登月这一目标，就必须研制 F‐1 发动机——迄今最强大的火箭发动机，由 5 台发动机簇为土星 Ⅴ 号运载火箭第一级 S‐IC 提供动力。

第2章 F-1发动机任务的起源及研制过程

　　是什么促使美国决定研制大型单燃烧室火箭发动机，并最终制造出前所未有的体积最大、动力最强的液体推进剂火箭发动机？要搞清楚这一过程就必须梳理一下20世纪40年代和50年代火箭发动机及导弹研制过程中的一些历史性事件。在第二次世界大战末期的1945年，位于加利福尼亚长滩的北美航空（NAA）技术研究实验室向美国空军建议开展对德国V-2火箭的研究工作，其内容包括：首先，给火箭加装翼；其次，采用涡轮-冲压推进；最后一项是增加助推器，使上面级有效载荷可以达到洲际射程。针对该方案空军发布了第一份研究性合同：对MX-770的研制。1947年4月，NAA收到研制SSM-A-2导弹的合同，命名为纳瓦霍（Navaho）。该项目不仅对该公司的前途产生深远影响，且引领了导弹推进、制导及亚声速、跨声速及超声速飞行方面科学技术的进步。为执行这个庞大的项目，NAA公司需要与之前几十年研发的螺旋桨飞机完全不同的新设施。

　　利兰·李·爱特伍德于1934年加入NAA公司，并深度参与了P-51野马（Mustang）战斗机和B-52米切尔（Mitchell）中型轰炸机的研发工作。此人的工程及管理职位上升得都很快，1941年成为公司副总裁，1948年成为公司总裁——此时，NAA公司开始寻找开展纳瓦霍项目及后续可能项目的合适地点。对此爱特伍德在其1989年的一次访谈中是这样回忆的：

　　于是我们开始找合适的、条件好的地方，可以建立起更好的设施。那个时候这里周围的土地还很容易获得。事实上，在战争末期，各种商业意义上的活动都处于低潮，所以我们选中了位于圣弗那多

图 2-1　在为空军研制纳瓦霍导弹的过程中，NAA 公司研制的火箭发动机推进系统为红石、丘比特、大力神及雷神火箭发动机的研制奠定了基础，包括后来的土星 I 号及土星 V 号运载器的动力都以此为基础（NASA/KSC）

山谷的圣苏珊娜。这块地当时归顿达斯家族所有。除了用于拍摄西部电影，再无其他更好的利用价值，这里的峡谷和悬崖地貌是非常好的电影场景取材地点。最后顿达斯家族以约 300 美元每英亩的价格将这块地卖给了我们，我们开始在此建造火箭试验台。由于这一区域属于盆地，使其很好地与居民区隔离开来，试验区的声音不会直接传到居民的房间里去。所以我认为能找到这样一个地方是非常幸运的，既可以建造试验设施，又不是特别远离人烟。

　　火箭领域的下一步行动是在卡诺加园区（Canoga Park）建立一个工厂和组建起办公机构。大约是在他们开始拆毁华纳老牧场的时候，我们在那里买了房子，这就是今天洛克达因公司的总部所在地。我估计，它距离火箭试验场是四五英里远的崎岖道路。这个机构就这样从这里起步了。

　　NAA 公司不是唯一一家获得空军导弹研制合同的公司。加利福尼亚的联合伏尔梯飞机公司（Consolidated-Vultee）的伏尔梯场分部也获得了导弹项目的合同，对巡航导弹和弹道导弹两种模式进行研究。伏尔梯选择了研究弹道导弹模式。其第一个方案是验证 MX-774 导弹。制造出了几枚 MX-774 导弹并在墨西哥州的白沙靶场进行了发射试验。两年半后，空军停止了 MX-774 导弹的研制工作，但其中获得的研制经验在康维尔公司（Convair）名为宇宙神（Atlas）的 MX-1593 洲际弹道导弹（ICBM）的研制过程中得到充分应用。为保证方案选择的公开性，空军对巡航导弹［如纳瓦霍、蛇鲨（Snark）、斗牛士（Matador）］和弹道导弹［如宇宙神（Atlas）和雷神（Thor）］两种模式的导弹都进行了研究。同时，陆军利用其 V-2 导弹的技术经验开展了丘比特（Jupiter）中程弹道导弹的研究工作。

　　其实，在纳瓦霍早期研制工作进行到一半的时候，NAA 公司就已经参与了美国政府发射卫星入轨的运载器研制工作。由兰德（RAND）公司管理的设计研究合同，最终引领出这一运载器的研制合同。1945 年 10 月，海军航空局成立了航天火箭技术可行性评

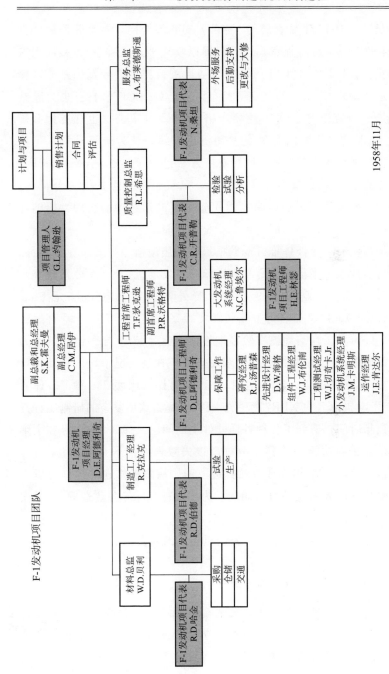

图 2-2　1958 年 F-1 发动机项目的研制团队、集中了当时洛克达因公司一些最有经验的工程师和管理人员
（洛克达因公司，文斯·惠洛克提供）

估委员会。1946 年航空局与 NAA 公司签订合同，对运载器的可行性进行为期 90 天的研究，该运载器以喷气推进实验室/古根汉姆航空实验室（JPL/GALCIT）提出的结构质量和推进数据为基础，喷气推进实验室/古根汉姆航空实验室（JPL/GALCIT）自己也为航空局开展了研究工作。海军还要求格林·L. 马丁公司也开展相关研究。NAA 公司研究的是氢氧发动机运载器，其为单级结构，可将 454 千克的卫星送入轨道，初始质量为 59 000 千克。NAA 公司计划采用压力稳定型贮箱实现这一计划，氢氧贮箱之间共用一个封头。虽然这项研究最后没有带来与海军签订研制运载器的合同，但纳瓦霍的研制经历对该公司的技术进步是一个驱动。

纳瓦霍有一个液体推进剂助推级，冲压巡航导弹安装在其背部，样子有点像航天飞机。为研制和试验火箭发动机，NAA 公司在塞米山（Simi Hills）新建的推进技术野外实验室（Propulsion Field Laboratory），后来命名为圣苏珊娜实验室，建造了第一个垂直试验台（VTS-1）。在当地该实验室被称为"碗"。为该导弹设计的动力装置是以液氧/酒精为推进剂的双发动机。在满工况下，该发动机可产生 12 万磅的推力，比冲达到 65 秒（有误，比冲 265 秒——译者注）。发动机命名为 XLR71-NA-1。纳瓦霍这项复杂的研制工程开展了数年时间，遇到了各种各样硬件上的问题。1956 年 11 月在卡纳维拉尔角的首次试飞不到 1 分钟就以失败告终。下一年又进行了 3 次飞行试验，1957 年 7 月该项目被取消。从附近修建的设施可以看出导弹技术的未来还是很明朗的，为宇宙神洲际导弹建造的 14 号发射场是其中的代表，该导弹于 1957 年 6 月 11 日进行了首次飞行。不论怎样，纳瓦霍项目中火箭发动机技术的研发为 F-1 发动机的实现做出了贡献。

正如爱特伍德在其访谈中谈到的：

纳瓦霍增强了研制能力，使我们从中受益，该项目的实施增强了组织能力——它实实在在地开创了火箭发动机事业。它在制导系统开创方面的工作至今仍在很大程度上发挥着作用。该项目的研发工作增长了我们在高速空气动力学及控制学方面的知识。风洞试验的开展及实际的测试提高了我们对轻型结构及类似事物的结构设计能力。

图 2-3　塞缪尔·霍夫曼从 1957 年开始是 NAA 公司的副总裁，从 1955 年
开始，在 F-1 发动机的研制期间是洛克达因公司的总经理

（洛克达因公司，文斯·惠洛克藏品）

2.1　E-1 发动机

追踪 F-1 发动机的谱系树会发现有一个略带神秘色彩的发动机，即 E-1 发动机。根据 MSFC 未来项目办公室的负责人海因茨·赫尔曼·科勒主任的设想，早期的土星Ⅰ号运载火箭应配置 4 台 E-1 发动机，每台推力为 40 万磅，提供 150 万磅的起飞推力并有充足的裕度。然而 E-1 发动机从未在土星Ⅰ号运载火箭或其他飞行器上使用过，但进行了多次热试车，当时的试验照片可以证明确有其事。有关 E-1 发动机短暂的寿命及其对 F-1 发动机的影响非常耐人寻味。

1954 年 7 月，在洛克达因公司作为 NAA 公司的一个分部成立之前，ICBM 科学咨询委员会（SAC）的组成人员为航空航天工业领域顶尖的工程师及民用领域的科学家，他们向空军西部发展部（WDD）提议发展一种不同于宇宙神的导弹作为备用方案，研究工作随即展开。这是因为 ICBM SAC 对宇宙神的结构和其非常规的推进系统不是很信任。WDD 即正式授权雷蒙-伍德里奇公司研究ICBM 设计的备用方案，该公司是 WDD 的系统工程及技术指导承包商。该公司于是邀请了洛克希德飞机公司及格林·L. 马丁飞机公司共同为其备用设计方案出谋划策，其结果最后提交给 WDD 进行评估。WDD 同意启动第二个 ICBM 计划，该计划的飞行器结构更加坚固且其助推发动机配置不同。ICBM SAC 正式建议空军对 ICBM 并行计划立项，该计划是研制一型结构更加坚固的两级导弹。空军批准了该计划并与格林·L. 马丁飞机公司签订了研制弹体结构的合同，与通用航空喷气公司签订了研究推进剂为 RP-1 煤油和液氧推进系统的合同。新导弹命名为大力神（Titan）。

双燃烧室的 LR-87-3 发动机是大力神的一级发动机，由通用航空喷气公司提供，总推力可达 32.78 万磅。为使 ICBM 计划更加保险，WDD 又选择 NAA 公司的洛克达因分公司作为大力神推进系统的备选承包商。洛克达因公司的先进设计组决定不采用纳瓦霍和宇宙神的多发动机结构方案。在接到开始研制工作的合同后，该公司决定研制一个大型、单推力室再生冷却液氧煤油发动机，目标推力是 30～40 万磅，该发动机命名为 E-1。该发动机与丘比特运载火箭的 S-3D 发动机相似，但要大得多且推力室曲率更突出。经过在圣苏珊娜实验室的数月试验达到了最大海平面推力 379 837 磅。1956 年 1 月 10 日进行了第一次主级试验。E-1 发动机使海因茨·赫尔曼·科勒印象深刻，他提议其可用于土星 I 号运载火箭，但这最终没能变成现实。在 2007 年，科勒向作者说明有关 E-1 发动机和土星 I 号运载火箭的有关事件时写道：

　　我在 1957 年 4 月开始设计朱诺 V 号运载火箭时注意到了助推器的差距，那是苏联第一颗人造地球卫星发射前的 6 个月。我的设计目标是发射质量为 100 万磅，低轨道有效载荷为 10 吨。这样就需要

图 2-4　大卫·E. 奥尔德里奇在洛克达因公司制定百万磅液体推进火箭发动机提案时，任 E-1 发动机和 F-1 发动机项目的经理及工程师（洛克达因公司，文斯·惠洛克藏品）

一个相应的推进系统。在我与洛克达因公司频繁的接触过程中，特别是与乔治·萨顿领导的初步设计部接触的过程中，我了解到了他们的 E-1 发动机项目。那时，该发动机是不远的将来所考虑的最大发动机。因此我决定采用 4 个一组的发动机簇作为朱诺Ⅴ号运载火箭的第一级。1958 年 7 月，两位美国 DARPA 的工程师，迪克·坎赖特和鲍勃·杨来看望冯·布劳恩博士，并告诉他在 11 月他们将运载器的研发交给 NASA 之前还剩余 1 000 万美元，他们询问冯·布劳恩博士他是否可利用这笔钱开展先进的助推器研制工作。他们将这件事告诉了我，我于是提供了一份详细的比例为 1∶10 的朱诺Ⅴ号运载火箭助推器图纸。冯·布劳恩博士指出我们的新试验台稍作加固就可进行该助推器的试验。坎赖特和杨建议采用 8 台丘比特发动机取代 4 台 E-1 发动机的方案，因为很快就能获取且更便宜，我们同意了他们的提议。一个月后，我们收到授权开始研制所建议尺

图 2-5　罗伯特·E. 林瑟是早年
F-1 发动机项目的工程师
（洛克达因公司，文斯·惠洛克藏品）

寸的演示发动机。12 月，我们在华盛顿向 NASA 的领导层做了汇报，使他们相信了我们的计划是正确的，并同意继续资助该研发计划。

　　宇航喷气公司成功地解决了 LR-87-3 发动机的可靠性，于 1958 年向空军交付了第一发大力神导弹。洛克达因公司经向空军申请同意结束 E-1 发动机的研制，该发动机从未投入生产。MSFC 的未来项目办公室和发动机项目办公室的一些意见对该发动机研制计划被取代发挥了一定作用，但正如冯·布劳恩多年后承认的，E-1 发动机的研制费用过高。无论怎样，后来发生的事情也很快使 E-1 发动机淡出了人们的视线。朱诺 V 号运载火箭变成了土星 I 号运载火箭，且采用了更经济的 H-1 发动机，人们的注意力也转移到了推力和体积都更大的 F-1 发动机。

图 2-6　保罗·卡斯特霍兹被任命为洛克达因公司负责解决 F-1 发动机燃烧不稳定问题研究团队的领导（洛克达因公司，文斯·惠洛克藏品）

2.2　早期的 F-1 发动机研究

　　20 世纪 50 年代早期，洛克达因公司的先进设计团队对火箭发动机尺寸及推力的理论极限进行了研究。为了将非常重的有效载荷送入轨道，或将人类送上月球，需要的发动机比当时现有的发动机要大得多。如本书前言中所介绍的，在这一时期，军队和空军考虑的都是大型有效载荷，包括载人飞船，其需要的推力是 100 万磅。1955 年，NAA 公司成立了 4 个分部：弹道研究部（后来的航天系统公司）、自动控制部、洛克达因公司和原子学国际部。洛克达因公司获得了为空军研制宇宙神 ICBM 助推器发动机及主发动机的合同，同时还获得了陆军红石中程导弹发动机的研制合同。1955 年 12 月，该公司又获得了为雷神中程导弹生产发动机的合同，雷神导弹是道格拉斯飞机公司为空军生产的。由于这些项目的实施及未来对更大发动机的需求，洛克达因公司很快壮大起来。1956 年 11 月，SAC 燃料与推进组对大型液体火箭发动机的需求情况进行了研究，并提出了研制推力可达到 500 万磅的发动机的建议。空军仔细考虑了这个建议，毫不犹豫地邀请了洛克达因公司及其他火箭发动机公司加入。

　　首先遇到的问题是能否制造出这种大型发动机并能可靠地运行。洛克达因公司的工程师们依靠他们从纳瓦霍到 E-1 发动机的研制经验，在发动机理论设计的各方面都应用了分析法。1957 年公司向空军报告认为没有不可克服的困难。虽然空军当时还不需要这样的发动机，但军方的规划部门察觉到在不远的未来也许会需要推力达到 100 万磅的发动机。1957 年 10 月 4 日苏联发射了第一颗人造地球卫星，后来又发射了更重的第二颗卫星，使美国认识到其意识形态上的敌人拥有比自己先进得多的助推器。1958 年 6 月，空军与洛克达因公司签订合同开始大型发动机硬件的初步研制工作，后续的资金支持取决于成功的演示试验。

　　洛克达因公司组建的项目管理团队的结构为直线型组织结构，这种组织结构已在该公司其他项目中得到验证。大卫·E. 奥尔德里奇任火箭发动机进展计划（REAP）E-1 发动机项目的经理和工程师，且被任命为 F-1 发动机项目的经理和工程师。他直接对塞缪尔·霍夫曼负责，霍夫曼不仅是洛克达因公司的总经理，而且是 NAA 公司的副总裁。罗伯特·林瑟已经是 E-1 发动机及洛克达因公司其他项目的工程师，被任命为 F-1 发动机项目的经理。道格拉斯·何格加入公司的时间是 1947 年，是纳瓦霍、红石、丘比特、宇宙神及雷神火箭计划的工程师，后来又担任了宇宙神推进系统计划的经理。他当时作为先进设计团队的经理也参与了 F-1 发动机项目。该团队的一个关键人物，罗伯特·汤普森博士担任洛克达因公司所有研制计划的研究经理。威廉·布伦南是组件工程经理，他很乐意接受管理最大的液体火箭发动机组件工程的挑战。诺曼·瑞尔是 1946 年加入公司的，担任大型发动机系统经理。威廉·赛克已经加入公司 12 年，担任推进野外实验室试验工程经理，负责 F-1 组件的试验工作，后来就负责整个发动机的试验工作。F-1 发动机除了大尺寸的设计外，洛克达因公司的设计还强调简单、坚固及可靠。这些理念始于启动 F-1 发动机的方法。

　　正如泰德·本汉姆在 2007 年向作者回忆的那样：

　　当我们首次做研制该发动机的计划时，必须计划好如何启动。由于对即将开展的工作缺乏经验，我们称之为前途未卜的开始。我们要利用贮箱的压力启动发动机。我做出决定，然后就这么做了。这是个巨大的跨越，因为，对于这类工作我们没有多少资料，也没有多少经验——这仅仅是试验的想法。

　　洛克达因公司设计的 F-1 发动机，采用燃气发生器循环，推进剂在燃气发生器中燃烧以驱动涡轮泵涡轮。红石、雷神和丘比特发动机采用的都是这种循环方式，也将用于 H-1 和 J-2 发动机。为了进一步简化 F-1 发动机的设计方案，洛克达因公司摈弃了以各自独立齿轮驱动燃料和氧化剂泵的方式，而是将两个泵都放置在涡轮泵轴上，以便氧化剂泵、燃料泵及涡轮共用一个驱动器。从涡轮排出的燃气流过一个内有液氧和氦的螺旋管换热器，换热器中的介质受热后气化、膨胀，给推进剂贮箱增压。换热器排出的气体进入推力室延伸段，提供了一个冷却边界层来保护壁面，不受来自推力室高温燃气的破坏。1958 年 6 月 23 日，空军委托洛克达因公司研制一台单燃烧室发动机，推进剂为 RP-1 和液氧，推力为 100～150 万磅。一个月以后，空军与该公司签订了研制合同。然而，不久之后发生在华盛顿特区的事情改变了 F-1 发动机的研制进程与节奏。

2.3　将 F-1 发动机项目移交给 NASA

1958 年 7 月 29 日，德怀特·艾森豪威尔总统签署国家航空航天法案（National Aeronautics and Space Act），依法成立了 NASA。根据总统顾问的提议，艾森豪威尔提名基斯·格伦南为航天局局长，NACA 领导休·德莱顿为副局长，在 10 月 1 日 NASA 开始运作后 NACA 就加入了 NASA。虽然 NASA 的管理已经形成，但是格伦南和德莱顿都知道火箭发动机是进入太空的关键驱动因素，不论是载人、不载人或其他任务都是一样的。美国新的航天机构的组织者中有阿贝·西尔弗斯坦博士，他是刘易斯航空实验室的领导，对大型火箭发动机的需求十分清楚，7 月 19 日他向这一即将成立的机构提交的预算中包括了用于启动 4.5 兆牛单室发动机研制的 3 000 万美元，以及用于将现有 ICBM 的发动机聚集成簇以获得同等推力量级的研究工作的 1 500 万美元。8 月西尔弗斯坦成立了一个推进委员会，并在当月的一次华盛顿会议上，空军简要向其汇报了与洛克达因公司关于研制 4.5 兆牛发动机的合同问题，提出到 9 月或 10 月，F-1 发动机项目的研发资金将告罄，要继续这项研究需要追加资金。西尔弗斯坦明白，显然其中一大部分的资金需要 NASA 来出。8 月 28 日的另一次会议上，空军告知西尔弗斯坦合同中应包括在洛克达因公司的圣苏珊娜实验室建造的适用于 4.5 兆牛发动机的试验台。在爱德华兹火箭试验中心有一个可满足该量级推力的试验台，但正在被宇宙神计划使用着，该计划有国家最高级别的优先权。阿德波特·O. 泰施勒也参加了这次会议，他是西尔弗斯坦的推进技术顾问。虽然洛克达因公司花费了时间研制 F-1 发动机，但是西尔弗斯坦和泰施勒不希望将 NASA 绑定在一家承包商身上，因为利用竞争关系对不同的设计、研发、试验和制造方案进行评估是 NASA 的根本原则。西尔弗斯坦在会议上宣布，任何类似 F-1 这样的大型发动机的研制都应该竞标。对此，洛克达因公司的总经理塞缪尔·霍夫曼并不担心，他对他的公司赢得合同充满信心。1958 年 9 月 11日，NASA 和洛克达因公司签订了研制较小尺寸的 H-1 发动机的临时合同，该发动机簇可产生 150 万磅的组合推力，用于朱诺 V（后来又命名为土星 I）号运载火箭的助推级。

　　1958 年 10 月 9 日，西尔弗斯坦的委员会开会，泰施勒宣布 NASA 将在一至两周内开始进行大型、单燃烧室、推力量级为 100 万磅或 150 万磅（4.7 兆牛或 6.7 兆牛）大型发动机研制的招标工作。不久，NASA 向 7 家承包商发出了竞标邀请。一周以后在华盛顿的投标人说明会上，泰施勒说设计目标是 6.7 兆牛。11 月 10 日，洛克达因公司向 NASA 提交了它的《100 万磅液体火箭发动机系统研发计划》。事实上，这份计划包括了 8 个独立的报告：

- 概要（R-1170P）
- 研制计划（R-1171P）
- 经验（R-1172P）
- 设施（R-1173P）
- 研究与研制（R-1174P）
- 制造技术（R-1175P）
- 管理计划（R-1176P）
- 模型规格（R-1177S）

　　11 月 24 日，NASA 组建了一支技术及管理团队来评估承包商的建议书，12 月 9 日这些评估团队向筛选委员会提交了报告，筛选

图 2-7　泰德·本汉姆在 F-1 发动机模型前

（洛克达因公司，文斯·惠洛克藏品）

委员会对其建议进行了审查，随即向 NASA 建议该发动机研制合同应该授予洛克达因公司。

1958 年 12 月 12 日，NASA 宣布选择洛克达因公司研制 F-1 发动机，该内容包含在一份正在洽谈的合同中。1959 年 1 月 19 日，双方正式签订设计和研制推力可达 150 万磅的单推力室 RP-1/LOX 发动机的合同。该合同价值 10 200 万美元。此时的设想是将该发动机组成发动机簇用于新星（Nova）运载器，直接用于登月任务。

2.4　"金刚"的怒吼

F-1 发动机首先研制的组件之一是喷注器。虽然洛克达因公司之前有研制 RP-1/LOX 发动机的经验，但 F-1 发动机的规模是前所未有的。

　　丹·布雷维克 1956 年加入洛克达因公司，2006 年他向本书作者讲述到，按照洛克达因公司的说法，由于这只是一个方案验证项目，因此热试推力室非常简单。

　　起初，我们没有特意去制造一个推力室，因为我们有一个模拟机。第一台模拟机上的推力室很坚固，专门用于火箭发动机的研制——它甚至不是钟形的，而是圆锥形的，因为圆锥形易于加工。这样做是为了严格测试喷注器组件，喷注器组件通常是最难解决的问题。

图 2-8　鲍勃·比格斯与他的丘比特 Block Ⅲ 发动机特性说明模型。2007 年他庆祝了自己在洛克达因公司工作 50 周年（洛克达因公司，文斯·惠洛克藏品）

图 2 - 9　(1959 年) 400 000 磅推力 E - 1 发动机在圣苏珊娜野外实验室
进行主级试验 (洛克达因公司, 文斯·惠洛克藏品)

　　1959 年 3 月 6 日，洛克达因公司在圣苏珊娜实验室的 Bravo-Ⅰ 高压水平试验台上进行了第 1 次静态点火试验。点火仅持续了几秒钟，但是雷鸣般的噪声从圣苏珊娜传出。试验工程师们戏称其为"金刚（King Kong，译注：电影中大猩猩的名字）"的怒吼。圣苏珊娜山谷以下几英里外的窗户都受到了振动，有人还将电话打到了洛克达因公司。即使在第一次试验中，发动机产生的推力也超过了 100 万磅。这是洛克达因公司及 F-1 发动机项目具有历史性的时刻，也是火箭推进技术发展的一个里程碑。试验也明显表明在圣苏珊娜 F-1 发动机热试时间不能持续太长。虽然 F-1 发动机的一些组件试验还在圣苏珊娜进行，但是 F-1 发动机未来的家将是爱德华兹（见第 7 章）。

2.5　确定发动机起动时序

　　执行 F-1 发动机项目的一个重要工程师是鲍勃·比格斯。他于 1957 年进入洛克达因公司，开始参与纳瓦霍计划，但 3 个月后该计划就取消了。在丘比特项目中工作了几年之后，他转到了 F-1 发动机项目，在发动机系统研发小组经理斯图尔特·马利肯手下工作。比格斯和马利肯在小组内负责发动机性能分析、试验计划及其他方面的工作。2007 年比格斯对作者讲述如下：

　　发动机起动的思路是不使用（预压）泵，而是打开两个液氧主阀，使液氧依靠重力形成流动。液氧流过叶片相当于起到涡轮的作用，使泵转动起来，这样就获得了初始起动力。随着燃气发生器的建压，泵也逐步建压，当达到一定的压力水平后，后续动作依次开始。此时是在一个闭环中，氧阀是打开的，动力是逐渐增加的——与阀关闭时动力快速增加的情况不同。当燃料压力达到 300 磅/平方英寸时，将挤破三乙基铝和三乙基硼自燃药盒，使药剂进入喷注器并与已经在燃烧室中的液氧反应燃烧。该自燃液流通过主燃烧室喷注器面上的孔进入燃烧室，实现均匀可靠点火。随着点火压力上升到一定值，点火监控阀打开，使驱动介质流入燃料主阀，燃料主阀随之打开，发动机进入主级。起动时利用地面的泵压装置使推进剂阀依靠发动机燃料的液压驱动。当发动机燃料建压后，地面压力源则切断。少量的燃料流经氧化剂主阀作动器以防止冻结。地面泵装置还用于进行时序检查和推力室动作控制检查。NASA 喜欢这些功能。

2.6　推力室管束研制

　　F-1 发动机最初的热试组件研制试验使用的是短的、单壁的推力室壁。随后基于此研制了推进剂喷注器顶盖和喷注器盘组件、涡轮泵及相关组件。点火时间很短，所以还可以使用单壁燃烧室，这也是再生冷却管束式燃烧室研制之前洛克达因公司的标准做法。

　　丹·布雷维克于 1960 年 4 月回到位于卡诺加园区的燃烧装置研发小组，之前他在圣苏珊娜野外实验室的 Bravo-Ⅰ 高压水平试验台做研发工程师。这一切源于他在洛杉矶加利福尼亚大学时完成的有关火箭及其技术课程的作业时提交的一篇报告。这项作业是设计一个可将 1 000 磅有效载荷从近地轨道助推到逃逸速度的液体火箭发动机。布雷维克提交了一篇 56 页的报告，给出了充分的计算和公式。一系列事件使他的报告引起了洛克达因公司工程师们的注意，布雷维克的工作给他们留下了深刻的印象，于是决定将他从山上（他们将野外实验室称为"山上"）调入 F-1 发动机研制团队。鲁·波鲁尼在布雷维克来到后是这样向他介绍这个新发动机的：

　　鲁将我带到生产厂房去参观 F-1 发动机实体模型，那里还有土星Ⅰ号运载火箭的 H-1 发动机。我对火箭已经习以为常——在我职业生涯中爬进去过很多火箭的里面，更从无数的火箭旁边走过。我们走向一个巨大的脚手架，上面盖着帆布，像一个巨大的帐篷。我们走到了发动机的上面，鲁掀开帆布让我进去。此时，我看到了 F-1 发动机的雄姿，我惊呆了，一动不动地站在那里。好大呀！鲁告诉我，我的反应和此时其他人的反应一样。

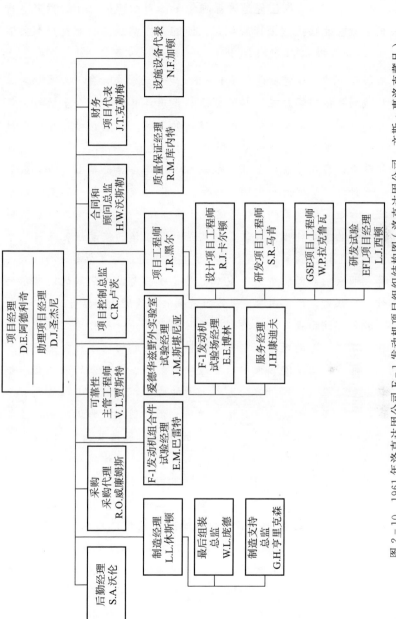

图 2-10　1961 年洛克达因公司 F-1 发动机项目组织结构图（洛克达因公司，文斯·惠洛克藏品）

布雷维克的工作任务是确保阿尔·博克斯特拉设计的燃烧室管束和集液腔能够正常工作。其实，他的工作就是"保证它们不会熔化掉"。布雷维克是这样回忆的：

阿尔·博克斯特拉设计了 F-1 发动机的管束，鲁·波鲁尼的工作是找到将他们焊接在一起的方法。我用计算尺和一台多功能计算机开始计算。这就是我们那时所使用的工具。后来我对计算机进行了升级，并发掘了它的功能。因为当时还没有生产出实际的 F-1 发动机管束，我就学着给新计算机编程，这是当时世界上功能最强大的一台计算机。因为我们的工作对国防十分重要，所以洛克达因公司有一台这样的计算机。利用这台计算机我进行了 F-1 发动机流体动力学和热力学特性的计算，也就是计算流体的流动情况及传热情况。我用 Fortran 语言编写程序。这些程序越来越复杂和详尽。我的计算表明我们正面临着一个灾难！管子本身是没有问题的，阿尔的工作做得很好，但是向管子供应推进剂的集液腔完全错误。

我能够演示我们就要遇到的传热问题——一种称为"饥饿（燃料供应不足）"的现象。在有（燃料）集液腔的地方都会出现这个问题。集液腔向下游管束中的管道供应燃料。在管束的末端有一个小集液腔，在这里燃料转向进入上游的管子，然后再进入另外一个集液腔，该集液腔向喷注器供应燃料。伯努利原理告诉我们，流体流动得越快，静压力越低。在集液腔中，如果横截面的面积太小，那么入口的流速就非常高。燃料进入管子后，流速就降下来，而静压力升高。接下来就会有一个静压不平衡，这个压差使燃料进入下游管子，此时就会出现"饥饿"现象。在供应点，速度太高导致静压很低，所提供的推进剂不如向集液腔末端提供的推进剂那么多。这意味着沿管道会出现过热点，因为流量不能满足需要。

推力室管子是双锥形的，管子中间部位有一个狭窄点，在末端为喇叭形出口。狭窄点即为喉部。圆形的管子放入模具并从两边进行挤压，将其压扁，这样管子就会有一个由两个半圆形构成的截面，两个扁平点将它们连接起来（即狭槽的形状）。我们努力要做的是在流动截面上获得最好的热传递特性，这是博克斯特拉要做的计算工作。管道的材料是因康镍-X，是当时的一种新牌号材料。该材料性能强大，但之前谁也没用过，鲁·波鲁尼必须研究出如何将它们焊接在一起。

　　F - 1 发动机燃烧室的再生冷却确实是一个挑战，需要对流经推力室管道和进入喷注器的 RP - 1 燃料的总量进行一个平衡。为了验证计算结果和推力室管道的初步设计，在卡诺加园区的一个实验室进行了水试。布雷维克向作者回忆了这个过程：

　　有一次是这样的，我们制造了一个 F - 1 发动机的半成品，它带一个喷管面积比为 3∶1 的短身部。在他们对管子进行平衡之前，我

图 2 - 11　一次 F - 1 发动机喷注器水试（洛克达因公司，哈罗德·霍尔藏品）

们把它放在水试台上通上水。当时参加试验的人有鲁·波鲁尼、丹·威尔登和我。我们用卷尺测量水从管子末端涌出后能达到的距离，因为管子上面没有安装集液腔。根据测量出的数据计算出管子的流量，并与我的程序计算结果进行比较——结果非常吻合。

F-1 发动机的推力室管束、加强箍和集液腔后来选择的材料是因康镍-X750，一种耐高温的镍基合金。推力室由 178 根主管子和 356 根副管子组成，副管子是从主管子分支出来的。管子之间的焊接长度超过 3 000 英尺。这些推力室管子的制造工作确实是一项艰巨的挑战，因为尺寸上微小变化的累加都会导致管子无法满足总装的要求。因此在处理任意一根管子尺寸的变化时都要非常慎重。工程师们为管子在高温下膨胀模具的研发工作付出了巨大的努力。

2.7 喷注器及燃烧不稳定性

燃烧不稳定性是影响火箭发动机性能的最主要因素。实际上洛克达因公司研制的每台发动机都不同程度地遇到了燃烧不稳定问题，且每次都专门有一个解决这一问题的计划。由于不稳定问题源于发动机特定组件的设计和性能，因此解决一种发动机不稳定性的方法不适用于另一种发动机，但是在解决问题时获得的知识，可以应用于后续发动机燃烧不稳定问题的认识和解决。

针对 F-1 发动机的燃烧不稳定问题，洛克达因公司准备采用数学方法解决。然而 F-1 发动机的组件设计首先考虑的是性能目标而不是燃烧稳定性。至此，E-1 发动机是该公司设计的最大发动机，在解决 F-1 发动机遇到的问题时，多半依靠的是 E-1 发动机的研制经验。在 F-1 发动机喷注器组件的设计研发过程中，如燃料及氧化剂集液腔、氧化剂顶盖与燃烧室喷注器组件接口的研制工作都有组件实验室的积极参与。第一件试验喷注器与一个短的、单壁燃烧室一起在圣苏珊娜野外实验室进行了试验。1959 年 1 月至 1960 年 5 月总共对 44 件全尺寸喷注器进行了试验，推力达到 100 万磅。几乎每次试验都遇到了燃烧不稳定性的问题，有 50％的情况瞬时不稳定压力超出了燃烧室的额定压力。所有喷注器面都显示出烧蚀的痕迹。发动机试验台上的监控设备中有一台"粗糙燃烧关机"装置，通过它的干涉防止发动机的损毁。

2.8　"第一计划"

1961—1962 年不断出现的喷注器燃烧不稳定问题已经明显是 F-1 发动机研制过程中遇到的最大困难，也是洛克达因公司和 MSFC 所担心的一个隐患。1962 年 10 月，洛克达因公司液体推进分部成立了燃烧稳定性委员会，负责 F-1 发动机燃烧稳定性计划的技术指导和管理工作，该计划被称作"第一计划"。保罗·卡兹霍兹是该委员会和该计划的领导，他的助手是丹·克鲁特和鲍勃·伏泰。

该委员会有两个主要目标：1）根据计划安排和发动机技术要求实现 F-1 发动机的动态稳定；2）确定研发动态稳定的液体火箭发动机的重要设计方案及工作参数。该项工作从研究早期火箭的不稳定问题开始，在与 F-1 发动机项目团队的会议上对 F-1 发动机的研发历史进行了全面的回顾。为对问题有一个全面的理解，该委员会决定对每一个可能引起燃烧不稳定或与之有关的组件进行研究，不仅仅局限于喷注器本身。对涡轮泵、推进剂管路、喷注器顶盖组件集液腔、推力室和燃气发生器的研制过程都进行了核查。当然更仔细地研究了计划进展过程中喷注器的改进。对红石、宇宙神、H-1 和 E-1 计划中的燃烧不稳定问题都进行了研究。MSFC 整合了工业界及学术界的火箭发动机及燃烧不稳定性专家，组成了一个临时委员会，并与洛克达因公司的委员会一起开展这项工作。其中的一项重要工作是用一个二维的透明推力室进行了试验，并采用高速摄影进行分析。对可能引起燃烧不稳定的来源总结如下：

1）推力室座的结构整体性；

图 2-12　F-1 发动机喷注器及推力室管束的水试
（洛克达因公司，哈罗德·霍尔藏品）

2) 推力室喷管的刚度；

3) 燃烧室内隔板结构的整体性；

4) 推力室材料的特性；

5) 推进剂射流的直线性；

6) 推进剂管路的直径、长度及刚性；

7) 供应系统的压降；

8) 工作过程中速度的变化；

9) 喷注器孔的汽蚀；

10) 供应管路汽蚀；

11) 供应管路中的气穴；

12) 燃烧室的直径；

13) 燃烧室的长度；

14) 溅射板和涡流环的扰动；

15) 室的形状；

16) 喷射孔的间隔；

17) 燃烧室壁的温度；

18) 混合比的均匀性。

委员会还对所担心的其他领域进行了检查，包括推进剂液滴在燃烧过程中的破碎情况，隔板理论及声学理论等。

基于对 E-1 发动机燃烧稳定性研究计划的研究成果，"第一计划"第一卷是这样叙述的：

攻克 E-1 发动机燃烧不稳定性，采用的方法是优化壁隙（最外面的燃料喷注对撞击点与燃烧室壁之间的距离，译者注）和坡口（喷注器与燃烧室界面形状，译者注）的几何尺寸，并密切关注在喷注面上可提供"充分"回流的喷注器形式。建议设计 50％ 的坡口作为 F-1 发动机的良好起点。E-1 发动机的经验进一步表明，影响性能的设计参数是燃烧室长度、喷注器的直径和喷注器形式。

1962 年 12 月，在燃烧稳定委员会的指导下成立了 F-1 燃烧稳定性小组。该小组由分析组和设计组组成。

　　分析组进行 4 个领域方面的研究：1）确定试验过程中出现的不稳定模态；2）确定稳定及不稳定工作模式下试验数据的参数相关性；3）基于燃烧不稳定理论的相关性对试验数据进行分析；4）对探索性燃烧稳定性试验进行检查和评估。设计小组从燃烧稳定性委员会处获得设计目标及生产试验和评估需要的硬件。

　　洛克达因公司启动了一项利用低压二维透明燃烧室对液滴理论和性能、试验隔板长度及位置进行的研究，同时研究了喷注器面不同位置的隔板角度。

图 2-13　待检查的 F-1 推力室中心线视图
（阿拉巴马大学亨茨维尔分校图书馆档案）

图 2-14　喷注器的最终设计，解决 F-1 发动机燃烧不稳定问题需要这种隔板
（洛克达因公司，哈罗德·霍尔藏品）

　　对所有数据进行评估以后，委员会对 F-1 发动机燃烧稳定性问题提出了 6 项要求：1）推进剂系统不得有任何泄漏；2）供应系统必须与燃烧过程隔离；3）燃烧必须横向隔离；4）控制轴向分布；5）消除随机点火位置；6）控制化学反应。

透明燃烧室的研究方法已经在宇宙神、丘比特、雷神及在进行中的 H-1 计划中得到了验证。H-1 发动机的试验项目也支持了 F-1 发动机项目。这些工作有助于明确 RP-1 燃料的大喷孔加上与相对较高的推进剂混合速度与动态稳定相关；喷注器外区即接近推力室壁的区域对波幅很敏感；要实现动态稳定必须安装隔板。

虽然对 F-1 发动机的所有系统都当作潜在的燃烧不稳定引发源进行了研究，但重点还是喷注器。确定了 3 种认为对发动机的研制有前途的喷注器设计方案，分别为 5U 无隔板、5U 有隔板和双排隔板方案。但是，3 种方案的试验中还是都出现了自发的燃烧不稳定现象，5U 方案的性能特征最好。该方案加装隔板后性能稍有降低，但证明了加装隔板的有效性。另外还对 12 种喷注器隔板设计方案进行了分析。洛克达因公司还进行了从泵到喷注器的推进剂水力学研究，并根据研究结果做了很多改进，包括喷注器顶盖环面挡板塞、锥形板、燃料孔塞及隔离凸耳、流动分离器、氧化剂内外隔板、氧化剂供应系统阻尼坝。这些改进对抑制自发式不稳定有显著的改善作用。研究还明确了将推进剂的燃烧区域远离喷注器面对燃烧稳定性也有帮助。所有这些工作都是为了确定初步飞行评定试验（PFRT）喷注器结构，最后的选择是以 1963 年 5U 喷注器设计为基础。洛克达因公司随后开始了飞行评定试验（FRT）喷注器的研发。这项工作的重点是改善动态稳定性，提高效率和发动机性能。其中涉及推进剂喷注器的设计改进，包括喷孔的角度、建立优化的推进剂速度、近壁喷注器的改进等工作。到 1964 年 6 月，在试验成功的基础上，FRT 喷注器的基本设计已经完成。到当年年底，FRT 就已经获得了需要的性能、动态稳定性、燃烧不稳定性阻尼及发动机其他一些具体参数。下一个主要目标是飞行验证喷注器，这项工作从 1965 年 1 月到 1966 年 9 月开展的组件试验开始，所有这些研究工作使组件得到改进。1965 年 11 月完成了喷注器的稳定性鉴定。该里程碑的标志性规定之一是在 45 毫秒之内成功阻尼人为制造的不稳定。喷注器的所有这些改进在爱德华兹野外实验室的主级试验中得到了验证。"第

图 2-15　（1967 年）矗立在总装厂房的模装 F-1 发动机

（洛克达因公司，哈罗德·霍尔藏品）

一计划"的成功完成,解决了 F-1 发动机的燃烧不稳定问题,同时,发动机其他方面的研制工作也在同步进行,特别是涡轮泵的研制工作也正在展开。

2.9　涡轮泵研制

在 F-1 的组件和发动机试验过程中经历了数次液氧涡轮泵故障,最严重的情况是发生了爆炸。1963 年 11 月 18 日在 MSFC 的一次试验中涡轮泵发生故障,此次试验的目的是通过人为关闭液氧阀来确定提前关机所造成的后果。正如鲍勃·比格斯回忆的,这次试验后来证实是很幸运的。

1963 年 11 月的试验确实是非常幸运的,6 个液氧泵中的 1 个泵的叶片完全断掉了,在流场里转动且被夹在两个相邻叶片之间。折断的叶片使流动受阻导致液氧泵性能下降,但泵却一直运转着没有引起着火或爆炸。该次故障对认识潜在的叶片疲劳故障是件好事。随即进行了设计修改以加强叶片的强度,但该计划还是遭遇了 3 次严重的导致爆炸的叶片疲劳故障,其中最后一次故障发生在 1965 年。液氧泵总共进行了超过 5 070 秒的试验,另外还有一些有关叶片的改进试验。飞行泵的工作时间不会超过 800 秒,因此试验时间限制在 3 500 秒,这个时间为抵抗疲劳故障提供了足够的余量。

4 次叶片故障的发生集中在 110 秒的工作时间附近,经过充分全面的研究,得出的结论是故障发生的时间只是一个诡异的巧合。1967 年 11 月,我在 MSFC 第二热试室观看土星Ⅴ号运载火箭的第一次飞行试验,我和其他熟悉 F-1 发动机项目的人一直都提心吊胆,直到 110 秒过后我们才放下心来观赏这一壮观的景象。110 秒仍保持着它的神秘。

涡轮泵存在的问题的解决措施包括:调整涡轮泵组件间隙和公差、喷丸处理叶轮片边缘、在金属配合面上镀钼层、使液氧叶轮的试验寿命更加现实等。

2.10　其他组件故障及解决方案

为满足性能及可靠性要求，F-1 发动机其他组件不甚严重的问题也需要引起重视。涡轮集合器使用了一种特殊材料 Rene 41。那时，在火箭发动机上使用该材料还是新鲜事物。在加工集合器的过程中，发现需要焊接的部位附近有裂纹。通过适当的组件制备及对涡轮集合器焊接技术的特别培训解决了这些问题。后来自动焊接技术的应用解决了组件和组件之间焊接情况有差异的问题。遇到的另外一个困难是在研制发动机的过程中，若试验时间较长，则喷注器环与连接盘会分离。这个问题是在已经向 NASA 交付了几台发动机后才发现的。造成这一故障的原因是喷注器环与连接盘之间的钎焊材料结合力不够好。后来对连接盘进行了镀金处理，使其与焊接材料的粘结面更好，试验证明该方法是成功的。

在研制过程中还遇到了 F-1 发动机飞行压力传感器和温度传感器失效的问题。这些传感器在飞行过程中提供发动机的性能和状态参数，这些参数非常重要。最高故障等级发生在发动机最恶劣的工作条件下，损失了测量推力室压力和涡轮出口压力的传感器。故障的原因或是由于传感器本身有多余物，或是由于振动损坏了电容或电阻。洛克达因公司启动了提高这两种传感器的寿命和可靠性的研制工作计划。对传感器进行了重新设计，对电子元件进行了筛选，提高了元件的工作寿命。试验过程中大的振动载荷也是引发煤油液力控制管路焊接区产生裂纹的原因。虽然没有导致彻底的失败，但是为避免发生灾难性事故和着火必须解决这个问题。解决的方法只是需要增加和加强支撑托架并注意控制线路的对齐。

2.11　发动机热防护

F-1 发动机研制工作的一个关键方面即发动机的热防护。大多

图 2-16　防热罩在点火和 S-ⅠC 动力飞行时保护 F-1 发动机
免受底部的热流影响（洛克达因公司，哈罗斯·霍尔藏品）

数静态试验都是在没有热防护的情况下进行的，有一种错觉认为发射土星 Ⅴ 号运载火箭时所使用的 F-1 发动机也是这样的。但是仔细观看火箭起飞时的录像，从火箭底部可以看到每一台 F-1 发动机都有全面的热防护措施。其实，在试验台上会遇到这个问题。在点火过程中发动机会承受很高的热量，土星 Ⅴ 号运载火箭的底部被火焰和烟雾完全吞没，直到火箭起飞。在飞行过程中，底部加热来自热量和火焰的传播效应，随着火箭进入稀薄大气层，发动机排出的羽流占据了紧挨 S-ⅠC 底部的低压区域，排出的羽流也将发动机自身包围。为保护 F-1 发动机的组件不被这巨大的热量损坏，必须进行外部的热隔离防护。起初这是波音公司的任务，作为助推器设计的一部分，但鉴于表面的复杂性及 F-1 发动机与 S-ⅠC 的接口问题，波音将这项任务移交给了洛克达因公司。

每台发动机分配的用于热防护的质量是 150 磅，但设计人员很快发现这个数字过于乐观了。热防护系统的质量，包括支撑夹套及固定件，最后达到了 1 200 磅。防热板材料内外表面为铬镍铁合金薄膜，外表面厚 0.152 毫米，内表面厚 0.101 毫米，中间是 1.0 厘米厚的耐火玻璃布夹层。发动机上的螺栓等还用层压的镀铝石棉毯保护。防热板形状与发动机非常贴合，在 KSC 可取下并再次装上，便于对发动机的维护。为模拟飞行温度条件，在 MSFC 进行了模拟试验，将航空喷气发动机的排气口直接对着热防护材料，起动发动机工作。这些试验证明了 F-1 发动机的防护措施能够保护其组件不会受到高热的破坏。在 39 号发射台上的 500-F 试验火箭遭遇了严重的大暴雨，雨水浸泡了 F-1 发动机的热防护材料，耐火玻璃布吸进了很多水，于是土星 Ⅴ 号运载火箭能否发射引起了人们的担忧，若在这样的条件下发射，发动机工作时就会产生超高温蒸汽，使防热板破裂并在飞行过程中脱落。于是，波音公司进行了相同条件下热防护材料试验，试验证明无论热防护板以何种方式受潮，需要策略性地布置排气孔来达到泄出压力和使蒸汽安全跑掉的目的。

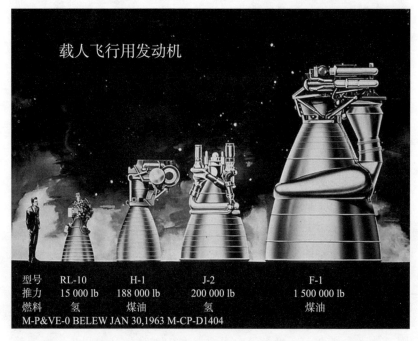

图 2-17　用于土星Ⅰ、土星ⅠB 和土星Ⅴ运载火箭的液体火箭发动机
（NASA/MSFC）

2.12　继续研发和改进

即使 F-1 发动机经受了飞行验证的考验，研制计划仍继续进行，继续对组件进行改进并演示其可靠性。第 9 章中将介绍升级后的新发动机 F-1A。

第3章　MSFC 管理下的 F-1 发动机项目

洛克达因公司的 F-1 发动机项目于 1958 年从空军火箭推进实验室转到了 NASA。1958 年 12 月 12 日，NASA 宣布选择洛克达因公司研制 150 万磅推力的单推力室液氧煤油发动机。这个宣布只是走一个形式，因为洛克达因公司为空军研制 F-1 发动机已有多年时间。NASA 开始对这一计划的管理是在总部之外，领导为阿德波特·泰施勒和奥斯卡·贝西奥。沃纳·冯·布劳恩团队的工程师被邀请给予技术支持并参加空军的会议。泰施勒和贝西奥参与确定了发动机的技术条件，满足 NASA 之前提出的要求，即为新星运载器提供动力并考虑以直接上升弹道的方式完成到达月球的任务。1959 年 1 月 19 日，NASA 和洛克达因公司签署了正式研发合同，该合同价值 10 200 万美元。1960 年 7 月，NASA 组建了 MSFC 后立即开始将 F-1 发动机项目管理移交给 MSFC，土星和新星运载火箭的研发工作也将在这里展开，到 11 月移交工作全部完成。

萨韦里奥·莫利亚被指派在 MSFC 管理 F-1 发动机项目。莫利亚于 1954 年在纽约城市大学获得机械工程学士学位，被 NAA 公司招入在空气物理学部从事纳瓦霍火箭的风洞试验工作。随后几年他应招入伍服役，由于在大学时参加过后备军官训练队（ROTC），他到了马里兰的阿伯丁试验场任少尉。几个月后，被派往阿拉巴马州亨茨维尔的红石军工厂。1957 年 6 月 10 日，莫利亚、他的妻子和孩子到达亨茨维尔。他的上司是根·霍尔格·托夫特伊，是此处武器导弹指挥基地的领导。托夫特伊告诉他到 4888 号楼报到，去见沃纳·冯·布劳恩博士。2007 年，莫利亚向本书作者说，冯·布劳恩待他很平易近人：

> 他对我说："我知道你是一个机械工程师，我们这里有许多工作

都需要你这样的人。我想让你先花 6～7 周的时间到各个实验室去走一走，并同各个实验室和工程部门的领导谈一谈，感觉一下在哪里工作你会觉得舒服，然后来告诉我，我就派你去哪里。"

莫利亚加入了结构和推进实验室，专业领域为热动力学，领导是汉斯·保罗，他也是 1945 年与冯·布劳恩一起来美国的德国科学家之一。然而，不久后莫利亚就被派到了技术联络办公室，在那里做红石推力矢量控制系统联络工程师，该系统的许多组件都是由位于纽约的福德仪器公司研制的。莫利亚对此的回忆是这样的：

在部队服役两年的最后时期，冯·布劳恩博士给我提供了一份工作，即留在亨茨维尔的技术联络办公室工作。我告诉他我想去推进部门。推进部门属于康拉德·丹嫩贝格的办公室管理。康拉德给我的第一份工作是丘比特 S-3D 发动机项目。

随后就开始了土星Ⅰ号运载火箭的研制计划，莫利亚的工作包括确定发动机的数量和为运载器做出最佳发动机配置等推进方面的

图 3-1　冯·布劳恩博士，MSFC
第一任主任，被公认为是一名出色
的工程师和卓越的管理者。他提出
了管理人员和工程师的个人自主责
任的概念（NASA/MSFC，弗兰克·
斯图尔特藏品）

研究。当 F-1 发动机的研发任务移交到 MSFC 后，"技术联络办公室"改名为"推进项目办公室"，领导人是利兰·贝卢。冯·布劳恩让贝卢从他手下推荐一个人负责 F-1、H-1 和 J-2 发动机项目。贝卢对其人员进行评估后，推荐莫利亚为 F-1 发动机项目经理，杰克·西莫为 H-1 发动机项目经理，巴德·德鲁姆德为 J-2 发动机项目经理。莫利亚对他到任后的第一项工作的回忆如下：

　　我立即开展的工作是向洛克达因公司派出我办公室的代表，全天跟随 F-1 发动机的研制。此人为弗兰克·布法罗先生。洛克达因公司在 MSFC 有一个办公室，文斯·惠洛克为驻外经理。F-1 发动机所有的设计都是由洛克达因公司完成的，但 MSFC 的工程师亲自参与给了他们很大的鼓励，特别是当认为有设计方案需要修改的时候。我们的工作对整个阿波罗计划非常重要，F-1 发动机项目延误一天，就会导致阿波罗计划延误一天。

3.1　应对燃烧不稳定问题

　　洛克达因公司研制的几乎每型发动机都在一定程度上出现了燃烧不稳定的问题，因为每型发动机情况都不同，所以每一次的解决方式也都不一样。莫利亚对 E-1 发动机的燃烧不稳定问题很熟悉，这一问题的解决花费了几乎两年的时间。不幸的是，解决一型发动机不稳定燃烧的方法不能直接用于解决另一型的问题。1961 年和 1962 年早期的 F-1 发动机试车表现出了严重的燃烧不稳定问题，发动机起动数秒钟之内不稳定燃烧切断传感器即被触发，防止带来更大的破坏。这种状况持续到 1962 年，MSFC 加入进来与洛克达因公司共同着手解决这一问题。1962 年秋天，莫利亚成立了一个特别委员会，吸纳了当时国内的顶尖人物为顾问：刘易斯研究中心的理查德·普瑞姆博士，MSFC 的罗伯特·理查蒙德，普林斯顿大学的鲁格·克洛克和大卫·哈瑞教授，喷气实验室的唐纳德·巴斯、麦克斯·克莱顿和杰克·瑞普，普度大学的奥斯本教授，加利福尼亚大学伯克利分校斯达曼教授，甚至有来自竞争对手喷气通用公司的佛瑞德·雷顿和赫伯特·埃利斯。莫利亚回忆道：

　　我们请杰瑞·汤普森作为团队领导与洛克达因公司的团队一起研究并找到解决问题的方法。我给了他们一个预算，但有几个限制条件，用以解决这个问题。我给了他们一张空白支票，还给了他们我作为项目经理所能给的所有权限，以便迅速做决定和处理问题。他们采取了"突击"方案（同时进行几种方案的研究），那时我们没有今天这样的能模拟燃烧过程的计算机软件。这支队伍与洛克达因公司的团队一起工作，领导人是保罗·卡兹霍兹，他是一个很有才华的工程师。基于 H-1 发动机的经验，早期我们强烈地感觉到需要用隔板来减弱发生在喷注器面上的高频振荡。本质上说这是一个经验式的解决方法，是基于我们对 H-1 发动机的工作经验。

　　有关 F-1 发动机项目的管理，利兰·贝卢的最首要工作是解决燃烧不稳定的问题。数年后在与罗格·比利斯顿的会面中，贝卢对解决这一问题在整个任务中的重要性是这样回忆的：

　　发动机的实际研制工作要考虑很多问题，如流动（燃料和氧化剂）、冷却特性、燃烧特性、推进剂对不稳定燃烧的敏感性等。F-1 发动机在研制过程的头几年中，其燃烧不稳定问题即引起我的高度重视。在解决这个问题上我们花费了大量的精力，研发出了起很大作用的一些技术。我们在这一领域中取得了前所未有的进步，并继续为未来发动机研制中类似的问题做出贡献。能制造成功这样一个系统靠的不仅仅是运气，那是过去了不得的大量经验积累的应用，是能力的结果。也确实是在这一领域获得的自信心使我们能够拥有了后来的土星 V 号等阿波罗运载火箭，确确实实来之不易。我们应该记住的是永远不能失去信心。

图 3-2　利兰·贝卢是 MSFC 发动机项目办公室的第一任经理。20 世纪 60 年代
中期，威廉·布朗成为该办公室经理。贝卢的左侧是乔治·穆勒博士
（阿拉巴马大学亨茨维尔分校藏品）

3.2　合同谈判及责任

许多政府项目管理的重要一环是采购过程，特别是如果合同是有关设计、研发、试验、生产、验收或选择以前根本没有过的一些东西。一个计划的这些方面及由其带来的动态变化很少被人谈及。通过政府提出一个"项目建议书"（RFP），工业承包商提出一个建议，最终计划或项目的计划、技术、商业和其他所有相关方面坐在一起进行协商，确定交付、开展工作的条件、政府部门要支付的费用等。如果项目要取得成功，则这一过程不仅会得到项目管理方的高度重视，也会得到承包商的高度重视。没有一个完善的合同，就没有政府团队与承包商团队之间的良好沟通，像 F-1 发动机这样的研制计划的执行就会遇到严重阻碍，政府可能最后就无法获得它想要的东西，或者不能及时完成计划目标。在这种情况下，NASA 需要的是前所未有的功率强大的发动机，其研制工作注定是艰难的，但又必须在一定的时间期限之前完成。整个向外承包的工作主要由两部分组成：一部分是发动机的设计、研发及试验；另一部分是发动机的生产、验收、真实发动机的外场及飞行支持工作。针对这样一个任务，其未知因素、复杂性及相互之间的依存性都使政府和承包商之间形成一种同呼吸共命运的关系。另外，政府是客户，必须对工作有恰当的监督和参与，以确保需求得到有效和及时地满足。这种工作关系可以形象地形容为一臂之距（公平）的伙伴关系，在这个关系中客户（政府）保持对承包商所做工作的参与、提问及严格评估的能力，同时是与承包商一起工作的一个团队。

理查德·布朗是发动机项目办公室的一个老员工，在 MSFC 成立不久就加入进来。进入 F-1 发动机项目办公室，在莫利亚和弗兰克·斯图尔特手下工作之前，他在液体动力工厂工程及推进性能评估分部工作。1964 年年中，他加入 F-1 发动机研发工作，当时 F-1 发动机燃烧不稳定问题刚刚解决不久。布朗成为 MSFC F-1 发动机研发的负责人，且在发动机生产合同方面也做了大量的工作。他是这样回忆的：

　　一臂之距的伙伴关系所带来的一种健康的力量对整体任务的成功非常关键。在发动机领域，利兰·贝卢是发动机项目办公室的经理，他在土星 V 号运载火箭发动机研制过程中对促进这种一臂之距的伙伴关系的发展做出了重要的贡献。他是一个非常具有远见卓识的人，在土星 V 号发动机项目中发挥了宝贵的指导作用和杰出的高层管理能力，而 F-1 发动机项目则是土星 V 号运载火箭项目的一部分。在 F-1 发动机项目办公室，索尼·莫利亚是 F-1 发动机项目的经理，弗兰克·斯图尔特是他的副手，在执行这种一臂之距的伙伴关系的理念上发挥了出色的领导作用。

　　F-1 发动机项目在 MSFC 的领导下延续了 10 多年。它涉及的领域非常广泛，包括洛克达因公司对发动机的设计、研发、生产、外场及飞行支持等。试验是由政府和承包商共同进行的。在责任划分上，洛克达因公司负责研发、验证及接收试验；政府负责探究及确认试验，以及进行 S-IC 级发动机的试验。

　　布朗是这样讲述的：

　　签订一个能够实现 F-1 发动机项目的完善合同需要一个多专业的团队进行大量的工作，这个团队包括计划、技术、合同、报价各方面人员，由国防合同审计处和法律界人士组成。

　　根据布朗的说法，在签订 F-1 发动机研制的各种合同过程中与他一起工作的团队是最优秀的团队，他是这样向作者讲述的：

　　我们的团队非常专业和具有竞争力，团队由各方面的优秀专业人才组成。桑尼·莫利亚和弗兰克·斯图尔特负责全面领导工作，罗·布莱德斯和卡莱尔·史密斯是 MSFC 推进分部的领导人，负责技术协调工作。爱德·米兹是 F-1 发动机的质量工程师。克雷格是采购办公室工程合同分部的经理，他的负责对象是甲方工程代表及合同管理者阿·居里夫和麦克·伯恩斯——如果我没记错的

图 3-3 萨韦里奥·桑尼·莫利亚（左）从计划启动开始一直到 1966 年 9 月担任 MSFC F-1 发动机项目经理，1966 年 9 月后他被提升为发动机项目办公室副经理。1969 年他荣获 NASA 杰出贡献奖，托马斯·佩恩博士为他颁奖（NASA/MSFC，桑尼·莫利亚藏品）

话。赫伯·基金斯是 F-1 发动机的价格分析员，根据时间和所面临的问题不同会有各种各样的采购代理人。他们都是真正精通自己业务并全身心投入这项使命的顶级人物。我负责准备任务书和附属文件，是项目办公室整个工作的联系人。我们是一个非常优秀的团队。

　　我进入 F－1 发动机项目办公室不久，我们的一项重要工作是对合同进行完善，因为我们此时对发动机需要的设计（Block Ⅱ 的设计）更改工作、完成剩下的研制任务工作及飞行验证工作的情况有了更深入的了解。随后，我们对生产合同也进行了相应完善。在紧迫的工作中我发现，合同的签订工作几乎同发动机研制工作一样复杂。项目办公室的人员准备任务书时需要技术人员的支持，制定的合同条款和条件要经过法律人士的审查，而且必须要满足无数的法律条文和政府采购条款的要求，头绪之多，让人有时感觉脑子里一片乱麻。合同条款和条件包括政府政策法律条款，如美国采购方案及利用小企业和弱势企业，然后是各种有关补偿的基本规定（费用补偿合同）、报告要求、费用安排及总量，等等。在多种情况下，为了满足所有条条框框的要求，很有必要，也许我可以说是"要有创新"。毋庸置疑，这个时期对从事合同和法律工作的人来说是一个实实在在的挑战，而且需要与政府团队进行充分的讨论。政府团队尽力使各种交付项在合同中非常清晰明确地确定下来，如硬件、软件、文件、支撑性分析、进展报告、财务信息、认证、保障工作等。

　　在 F－1 发动机项目办公室，我们花费了很长时间来准备任务书，包括任务书中应该提出怎样的技术要求。提出最后内容（基本是性能、发动机尺寸和重量及工作参数等）要求的一个重要文件是型号技术规范。在我调入项目办公室的时候，很明显当时的型号技术规范已经过时，因此，罗·布莱德斯、卡莱尔·史密斯和我对该技术规范进行了改进，使之符合当时（1964 年）的需要。我们将其提交给洛克达因公司，并与他们一起讨论和修改，使之能反映我们的需求且是可行的。这对于确保洛克达因公司所做的工作正是我们所需要的非常重要。这样基础的技术讨论最后经常发展成为正式的对合同的谈判。洛克达因公司和 NASA 都很擅长这样的谈判。针对 F－1 发动机项目，代表政府的经常是项目副经理、F－1 发动机甲方代表和我；承包商的代表方通常是他们的项目经理或副经理、合同经理和其他需要对他们的提议进行说明的人员。NASA 的要求非常

图 3-4　弗朗西斯·弗兰克·斯图尔特 1966 年 9 月在莫利亚升职后成为
F-1 发动机项目经理。图中所示为他获得 NASA 的特别贡献奖，NASA
局长詹姆斯·弗莱彻博士（中）和副局长乔治·洛博士为他颁奖
（NASA/MSFC，弗兰克·斯图尔特藏品）

具体，洛克达因公司想要确保这些要求实现的合理性，对合同的每
一项具体要求要取得一致意见都需要进行谈判。完成这些合同涉及
巨额资金，但是合同的谈判不仅仅限于钱的问题，还有试验的日期、
发动机交付日期、多少台发动机和其他许多问题。谈判总是充满争
论的，但这也是进程的一部分。NASA 也预料到洛克达因公司可能
不会同意某些领域的合同，甚至反对某些条款、条件和要求。从洛
克达因公司这一方来说，他们不想表现出急于同意 NASA 提出的每
一项要求。在很多情况下，洛克达因公司都对他们能否满足 NASA

提出的要求表示出了合理的担忧。这时就需要谈判达到双方都满意。虽然有时争执会很激烈，但与洛克达因公司的谈判总是很有意思的，有时甚至是有趣的。

　　洛克达因公司有一位非常厉害和能干的合同经理，名叫吉姆·奥斯勒。他是一位非常强硬的谈判对手。他的一个谈判策略就是在合同谈判的恰当时机大发脾气。我们把这种情况称为他的雨中舞蹈。在对洛克达因公司提出的 F-1 发动机最后研制阶段的意见进行充分评估后，我们准备好开始合同的谈判。我们到了 MSFC 4200 大楼的 10 层。在洛克达因公司的人进来之前，我们进行了一个谈判前讨论，进一步完善了我们提出的报价。甲方工程代表说："我们将我们的报价放在桌面上，但在开始讨论和谈判前肯定就要经受吉姆·奥斯勒的雨中舞蹈。"因此在与洛克达因公司开会的过程中和之后，政府方将所提出的报价放在了桌子上，不出所料，吉姆·奥斯勒一开始就

图 3-5　根·塞缪尔·菲利普 1964 年 1 月参观洛克达因公司，亲自考察 F-1 发动机和 J-2 发动机的生产情况。他在空军的项目管理方法对 1969 年阿波罗 11 号月球着陆计划的管理很有指导意义，此后，他成为空军航天和导弹系统机构司令（NASA/KSC）

跳起了他的雨中舞蹈："这是我见过的最可笑的报价。"他大吼道，并拍打桌子。此刻，突然一阵巨大的闪电和雷声划过，我们所有政府这一方的人都大笑起来。他还不明白发生了什么事情，一脸茫然。然后我们告诉了他我们的小玩笑——他的表现正如我们所料，谈判还没开始他的雨中舞蹈就来了。我必须说那一时刻吉姆看上去非常腼腆。此后，我们取得了富有成果的谈判。在谈判的过程中双方机构增进了对彼此的理解，这是非常重要的。在此次沟通中，我们针对发动机的数量、发动机试验次数进行了谈判，双方技术人员还就发动机适用的技术条件进行了谈判。总之，对每一个条款、条件的各个方面都进行了谈判。当你对他们提议的需要开展的工作进行评估时，你就了解到他们制造一台发动机需要多少时间，需要试验多少次，时间是多少秒，进度怎样，所需要的设施、备件和废品率是怎样的，等等。这是一件非常细致的工作。

在 F-1 发动机研制过程中有一个巨大挑战是，由于进度要求很紧，研发工作和生产工作是同时进行的。研发合同的内容是有关研制工作及验收合格——用今天的话说就是飞行认证合格。一旦解决了研发工作中的一个问题，必须将这一变化与发动机的生产结合起来。当然，这些更改在落实为飞行硬件之前都要获得政府部门的同意。因此，结构管理和变更控制非常重要。你必须跟踪哪项更改适用于哪些发动机，哪项更改已经应用于哪些发动机——请记住我们做这些工作时都是没有计算机的。对变更的有序评估及持续跟踪是必须要做的工作。

一旦合同谈判完成，承包商根据合同开展工作，政府团队参与到工作中将错误减少到最少并对承包商所做设计和研发工作进行工程分析和验证，确保承包商按照合同要求开展工作。承包商在工作进行中必须有大量的文件形成，政府根据文件审查其工作是否满足任务要求。合同中对需要政府正式批准的事项有明确说明。关于这一点，布朗是这样说的：

冯·布劳恩博士培育了这样一种理念，为了有效地采购到高技

含量的东西，你必须是一个消息灵通的、聪明的买家。所以，MSFC
的发动机团队负责对洛克达因公司开展的工作进行技术监督。他们具
有冯·布劳恩称之为"自主责任感（Automatic Responsibility）"的品
质，他们将从技术的角度搞清楚所担心的问题。他们的工作已经超
越了监督，可以说是洞察秋毫。我们应该有能力进行工程计算、分
析等工作，以便对洛克达因公司开展的工作进行检查，这就像有一
个预先审查的过程。我认为这样一种方法对我们在极为紧迫的时间
压力下成功完成任务发挥了很大的作用。

　　布朗最后总结说："好吧，对于这一切有何启发？那就是能登上
月球靠的是 90% 的艰苦工作加上 10% 的魅力。"

3.3　宏观计划管理

　　F - 1 发动机项目办公室的工作从 20 世纪 60 年代持续到 70 年代
早期，直到后来成立了天空实验室办公室。该办公室一直监管着 F -
1 发动机的研制过程，从洛克达因公司到 MAF，再到密西西比测试
厂 S - I C 级的试验。在燃烧不稳定和涡轮泵问题解决后，F - 1 发动
机的研制再没有遇到过其他困难。

　　1966 年 9 月，萨韦里奥·莫利亚从 F - 1 发动机项目经理升任发
动机项目办公室副经理。F - 1 发动机项目副经理弗兰克·斯图尔特
提升为项目经理，他担任这一职位直到 MSFC F - 1 发动机项目结
束。莫利亚后来被调任管理月球车计划。利兰·贝卢从发动机项目
办公室调任管理天空实验室（Skylab）计划。

　　阿波罗计划和天空实验室计划完成之后，MSFC 又迎来新的挑
战，管理航天飞机主发动机（SSME）和固体火箭发动机（SRM）
项目，它们是航天运输系统计划的一部分。弗兰克·斯图尔特被选
去领导 SSME 技术设计阶段的工作，理查德·布朗作为他的助手。
布朗先生后来被调去领导 SSME 和 SRM 项目的 RFP 筹备工作，并
大量地参与了评估委员会的工作。

第4章 F-1发动机及其工作原理

F-1发动机是双组元、单次启动、具有150万磅固定推力的液体火箭发动机，用于运载器推进系统。其氧化剂为液氧（LOX），燃料为RP-1（精炼煤油），推进剂混合比为2.27:1。液氧流量为每分钟24 811加仑，RP-1的流量为每分钟15 471加仑。推进剂在推力室进行混合和燃烧。燃气温度达到5 970华氏度，从喷管喷出产生推力，燃烧室压力为965磅/平方英寸。发动机喷管为钟形，面积比为16:1，即推力室延伸段出口面积与喉部面积之比。土星V号运载火箭S-IC级全部5台F-1发动机是相同的，区别仅是中间的发动机是固定的，周围4台是可摇摆的。飞行配置F-1发动机的质量是18 500磅。

发动机的主要系统有推进剂贮箱增压系统、推进剂供应控制系统、推力室组件、涡轮泵、燃气发生器系统、发动机接口面板、电子系统、液压控制系统及飞行测试系统。

4.1 推进剂贮箱增压系统

增压系统加热气氧（GOX）和氦气使推进剂贮箱增压。增压系统包括一个换热器、一个换热器止回阀、一个液氧流量计及各种换热器管路。换热器的液氧来自推力室氧化剂顶盖，氦来自主液氧贮箱内的低温氦罐。液氧从推力室氧化剂顶盖流经换热器止回阀、液氧流量计、液氧管路到达换热器。

（1）换热器

换热器的作用是利用涡轮排出的燃气加热气氧和氦，换热器管有4个氧化剂螺旋管和2个氦螺旋管。换热器位于涡轮泵集液腔出口和推力室排气集合器出口之间，其外壳有一个波纹管组件，在发动机工作时作为热膨胀补偿。

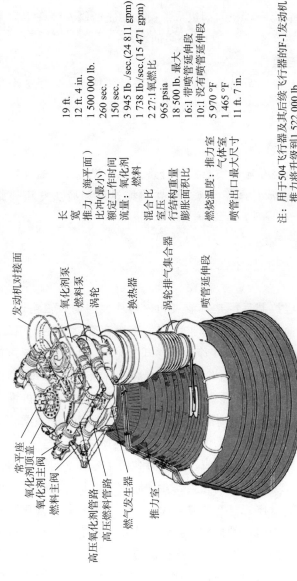

长	19 ft.	
宽	12 ft. 4 in.	
推力（海平面）	1 500 000 lb.	
比冲（最小）	260 sec.	
额定工作时间	150 sec.	
流量：氧化剂	3 945 lb./sec.(24 811 gpm)	
燃料	1 738 lb./sec.(15 471 gpm)	
混合比	2 27:1 氧燃比	
室压	965 psia	
行结构重量	18 500 lb. 最大	
膨胀面积比	16:1 带喷管延伸段	
	10:1 没有喷管延伸段	
燃烧温度：推力室	5 970 °F	
气体室	1 465 °F	
喷管出口最大尺寸	11 ft. 7 in.	

注：用于504飞行器及其后续飞行器的F-1发动机
推力将升级到1 522 000 lb

发动机对接面
氧化剂泵
燃料泵
涡轮
换热器
涡轮排气集合器
喷管延伸段

常平座
氧化剂顶盖
氧化剂主阀
燃料主阀
高压氧化剂管路
高压燃料管路
燃气发生器
推力室

图 4-1　早期生产的 F-1 发动机示意图。后来生产的发动机在推进剂管路和喷管延伸段的设计发生了改变（NASA）

（2）换热器止回阀

换热器止回阀的作用是阻止气氧或增压气体流进氧化剂顶盖，它由管路和一个旋启式止回阀组成。换热器止回阀安装在推力室氧化剂顶盖和换热器液氧的入口管路之间。

（3）液氧流量计

液氧流量计是一个涡轮式液体体积流量传感器，采用 2 个拾波线圈。当液氧流量计涡轮旋转时，在拾波线圈出口终端会产生交流电压。

（4）换热器管路

液氧和氦流经和流出换热器的管路为柔性管路。气氧和氦的管路在运载器连接界面终止。液氧管路将换热器和换热器止回阀相连接。

4.2　推进剂供应控制系统

推进剂供应控制系统是将液氧和燃料从推进剂贮箱输送至泵，经过泵进入通向燃气发生器和推力室的高压管道。该系统组成为 2 个氧化剂阀、2 个燃料阀、1 个轴承冷却控制阀、2 个氧化剂顶盖吹除止回阀、1 个燃气发生器和泵密封吹除止回阀、涡轮泵出口管路、孔板及组件之间的管路。该系统工作时，高压燃料从发动机推进剂供应系统进入运载器制造商提供的推力矢量控制系统。

（1）氧化剂阀

将两个相同的氧化剂主阀，分别命名为 1 号和 2 号，控制液氧从涡轮泵流向推力室氧化剂顶盖，并控制驱动燃料流向燃气发生器阀打开控制口的时序。每个液氧主阀都是压力平衡式的液压驱动提升阀且带机械作动时序控制阀。弹簧力作用在阀芯上，保证推进剂预冷循环时阀芯的关闭密封，当氧化剂阀打开至 16.4% 之前可阻止驱动燃料通过。氧化剂打开通过这一位置后，活塞顶开时序控制阀的阀芯，使燃料经时序控制阀，打开燃气发生器阀。其上带有一个位置指示器为发动机电控制回路和仪器继动逻辑以记录阀芯的运动。
两个氧化剂顶盖吹除止回阀，分别安装在每个氧化剂阀上，使吹除
气体可以进入氧化剂主阀，但阻止氧化剂进入吹除系统。

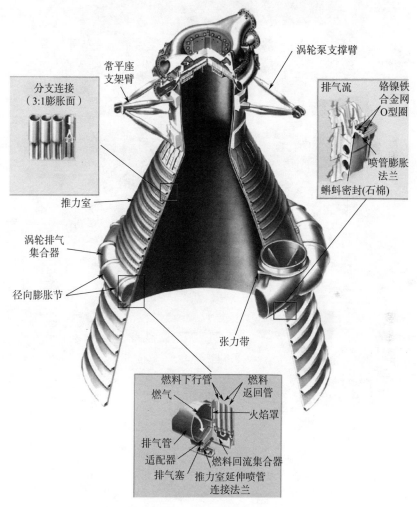

图 4-2　F-1 发动机剖视图，可见推力室与喷管延伸段的接口、推力室管的
　　　两分岔连接口（洛克达因公司，哈罗德·霍尔藏品）

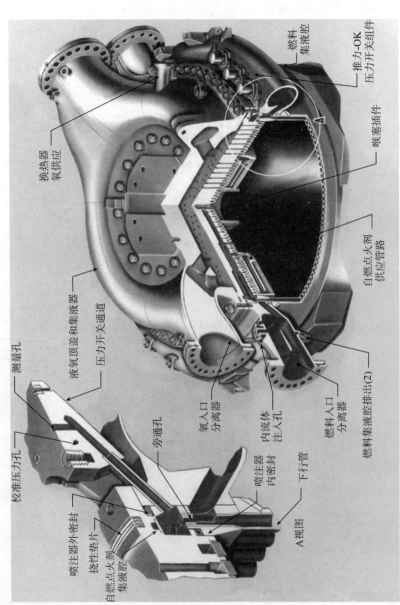

图 4-3 F-1 发动机液氧顶盖、推进剂入口和喷注器剖视图（洛克达因公司，哈罗德·霍尔藏品）

（2）燃料主阀

两个相同的燃料主阀，分别命名为 1 号和 2 号，两个燃料阀相对 180°安装在推力室燃料入口集液腔上，控制从涡轮泵流向推力室的燃料流量。当发动机处于额定压力和流量的条件下时，即使驱动燃料失压，阀门也可以保持在全开的位置。燃料阀位置指示器为发动机电气控制电路和仪器提供继动逻辑以记录阀芯的运动。

（3）推力－OK 压力开关

推力室燃料集液腔上有 3 个压力开关以感知燃料喷注压力。这些推力－OK 压力开关是运载器上的冗余装置，指示 5 台 F－1 发动机均工作正常。如果燃料喷注腔压力下降，那么开关退动，切断连接并中断推力－OK 信号输出。

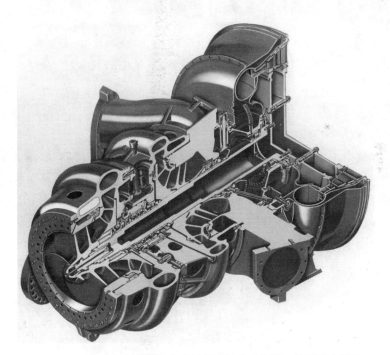

图 4－4　Mark 10 涡轮泵包含共用驱动轴的液氧泵、燃料泵和涡轮
（洛克达因公司，哈罗德·霍尔藏品）

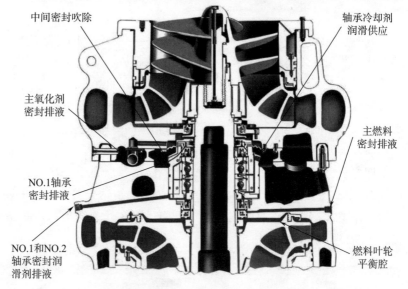

图 4-5　涡轮泵剖视图，图中显示了轴承、液氧叶轮和燃料通道
（洛克达因公司，哈罗德·霍尔藏品）

4.3　推力室组件

推力室组件包括常平座轴承、氧化剂顶盖、推力室喷注器、推力室主体、推力室喷管延伸段、自燃燃料药盒、烟火点火器和热防护件。推力室里的推进剂来自涡轮泵，以所设计的方式使其混合和燃烧，并高速排出燃气产生推力。推力室还是所有发动机组件的一个安装支点。

（1）常平座轴承

常平座轴承安装在氧化剂顶盖上，将推力室牢牢地固定在土星Ⅴ号运载火箭的 S-IC 级推力架上。常平座是一个球形的万向节，包括一个杆座型轴承，粘合有特氟龙玻璃纤维插芯，轴承面摩擦很小。该轴承可提供±6°（俯仰、偏航）的运动，实现推力矢量控制。常平座将发动机推力传递给 S-IC 级并定位以及进行推力对准。

（2）氧化剂顶盖

氧化剂顶盖的功能是作为向推力室喷注器分配氧化剂的一个集液腔，同时为常平座轴承提供一个安装平面，并将推力传递给 S-IC。氧化剂进入顶盖的流量是每分钟 24 811 加仑，从 2 个相距 180 度的入口进入，从而保证了推进剂的平均分布。

（3）推力室喷注器

推力室喷注器引导推进剂以令人满意的燃烧方式进入推力室。推力室喷注器是一个多孔结构，由铜制燃料环和铜制氧化剂环构成其内侧面，这决定着喷注孔的排列形式。径向和周向铜隔板向下延伸将喷注面分割成许多区域。隔板和环还有分开的点火器燃料系统安装在不锈钢体上。燃料从推力室燃料入口集液腔进入喷注器。为便于发动机启动并降低压力损失，部分燃料直接进入推力室，其余的燃料从其他管路流过整个推力室身部到达喷管出口，在这里进入一个集合器然后向回流经过另一套管路到达喷注器，这样对推力室进行了再生冷却。氧化剂由氧化剂顶盖进入喷注器。

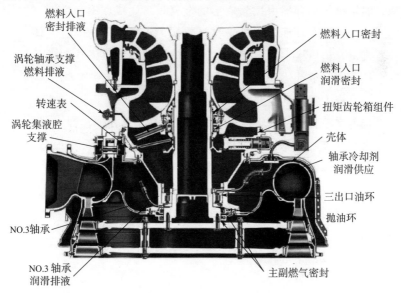

图 4-6　下涡轮泵剖视图，图中可见燃料通道和涡轮集合器

（洛克达因公司，哈罗德·霍尔藏品）

（4）推力室身部

推力室主体为推进剂燃烧产生压力提供燃烧室和膨胀喷管，以高速排出燃气产生推力。推力室壁为管束式，由流向喷注器的燃料再生冷却，喷管为钟形。推力室主体外面有 4 组向外突出的支杆：2 组用于涡轮泵，另外的 2 组用于由运载器承包商提供的常平座作动器。推力室包括一个喷管出口处的涡轮排气集合器、一个喷注器端部的燃料入口集液腔（将燃料导入"下面"的管子）。推力室周围的加强箍带上焊接有夹套和短柱，它们为热防护罩提供附着点。燃料通过两个相距 180 度的入口进入燃料入口集液腔。从集液腔出来的燃料有 70％进入与推力室等长的向下的耐蚀不锈钢管道。在喷管出口处有一个集合器将这些燃料又通过向上的 89 根管道输送到喷注器。燃料的这一流动过程实现了发动机工作过程中对推力室壁的再生冷却。推力室管路是带分支的，也就是说从燃料集液腔出来的主管道延伸至 3∶1 面积比处，在此处每个主管道被搭接上 2 个支管。这样通过大直径钟形喷管截面的每个管道就会有一个理想的截面面积。涡轮排气集合器由预先成形的金属板材制成，围绕推力室主体的尾端形成一个环面，收集来自换热器的涡轮排气。随着气体从集合器排出，出口槽中的导流叶片在喷管延伸段提供了均匀的静压分布。径向膨胀节补偿集合器的热量增加。

（5）推力室喷管延伸段

推力室喷管延伸段将推力室的膨胀比从 10∶1 增加到 16∶1。延伸段由高强度不锈钢制成，可拆卸，由螺栓与推力室出口端环相连接。延伸段内侧采用 1 200 华氏度涡轮燃气进行薄膜冷却，保护发动机在 5 800 华氏度排出气体的工作环境下可靠工作。冷却用燃气进入延伸段外壁与叠瓦状内壁之间，流过叠瓦之间的喷注槽，穿过叠瓦的表面流向下方，在喷管延伸段内壁和来自主燃烧室的更高温度的燃气之间形成一个边界层。

（6）自燃燃料药盒

自燃燃料药盒为推力室提供启动燃烧流体。药盒为圆柱形，两端焊接有爆破膜片，药盒内装有 85％ 的三乙基硼和 15％ 的三乙基铝自燃流体。该流体若被密封在盒子中则是稳定的，但一旦与氧以任何形式接触则自燃点火。在启动发动机时，点火燃料系统燃料压力的上升挤破爆破膜片，燃料和自燃流体由不同的系统进入喷注器，与已经到达的氧化剂接触后即点火，使燃料开始燃烧。

（7）烟火点火器

由电火花塞启动的烟火点火器是燃气发生器中推进剂的点火源，并再次点燃来自喷管延伸段的由富燃涡轮排出的气体。

（8）热防护

热防护的作用是保护发动机在飞行过程中免受来自排气羽流热辐射和排气回流形成的极端高温（最大达 2 550 华氏度）对发动机的

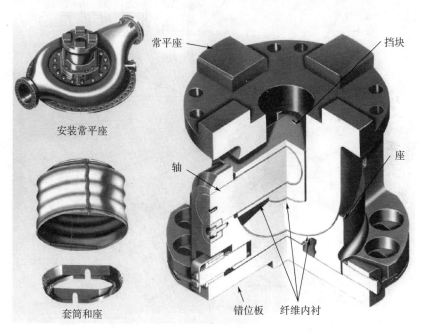

图 4-7　F-1 发动机常平座组件，有一个球形接口，即使在倾斜的情况下外部的 4 台发动机也可持续不断地将全部推力传递至 S-ⅠC 推力结构

（洛克达因公司，哈罗德·霍尔藏品）

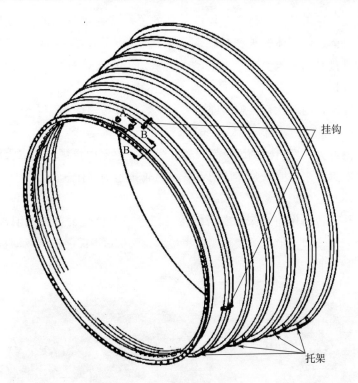

挂钩

托架

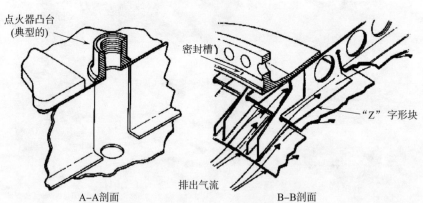

点火器凸台
(典型的)

密封槽

"Z"字形块

排出气流

A-A剖面　　　　　　　　　B-B剖面

图 4-8　F-1 发动机喷管延伸段由来自涡轮的气体通入喷管壁进行冷却，
在推力室热燃气和喷管延伸段壁之间形成一个边界层

（洛克达因公司，文斯·惠洛克藏品）

损害。该发动机使用了两种热防护——复杂的表面采用覆箔热防护，大面积且简单的表面采用石棉毯热防护。热防护材料都是轻质材料，并配备各种各样的安装固定措施，如金属扣眼、夹具、带螺纹的按扣及安全箍带等。

4.4　涡轮泵

涡轮泵采用直接驱动式，包括氧化剂泵、燃料泵及安装在共用轴上的涡轮。涡轮泵向燃气发生器和推力室输送燃料和氧化剂。氧化剂通过单一的轴向入口进入，通过两个出口切向排出。燃料通过两个径向入口进入，通过两个出口切向排出。双入口和出口的设计使泵径向负载平衡。三套轴承支承轴中：1 号和 2 号为串联式球轴承，位于氧化剂和燃料泵之间；3 号为滚动轴承，位于燃料泵和涡轮叶轮之间。一个加热器组件为 1 号和 2 号轴承提供外部支撑并用于防止轴承冰冻，同时在发动机启动前冷却氧化剂泵。泵在工作过程中，轴承由燃料冷却。轴上安装有齿环使之与扭矩齿轮壳连接，这样可手动转动泵轴，使之与磁传感器连接，以监视轴的转速。涡轮泵有 9 个碳密封件：主氧化剂密封、氧化剂过渡密封、1 号轴承润滑密封、2 号轴承润滑密封、主燃料密封、燃料入口密封、燃料入口油密封、热燃气主密封和副密封。主轴和附着在其上的零件在安装前已经预先进行了动力平衡。

（1）氧化剂泵

氧化剂泵向燃气发生器和推力室输送氧化剂，固定流量为每分钟 24 811 加仑。氧化剂泵包括 1 个入口、1 个诱导轮、1 个叶轮、1 个蜗壳、轴承密封和垫片。氧化剂由入口进入泵中。入口诱导轮用来提升氧化剂的压力，防止汽蚀的发生。叶轮将流体的压力提升到需要值，然后通过对置的出口分别进入通向气体发生器和推力室的高压氧化剂管路。入口安装在从主氧化剂贮箱过来的一个管子上，并与氧化剂蜗壳用螺栓连接。2 个活塞环位于入口和蜗壳之间，随着温度的变化膨胀和收缩，以保证入口高低温侧之间的有效密封。入口低压一侧的孔洞允许向环形密封处泄漏，以进入诱导轮抽吸一侧，保持一个低压。氧化剂蜗壳用销和螺栓固定在燃料蜗壳上，以防转动和轴向移动。位于氧化剂蜗壳上的主氧化剂密封和垫片的作用是防止燃料穿过主氧化剂密封泄出腔。氧化剂过渡密封引导吹除流体进入主密封和 3 号泄出腔，此处吹除的作用如同一个屏障将氧化剂和轴承润滑油明确地分离开来。

（2）燃料泵

燃料泵向燃气发生器和推力室提供燃料，流量为每分钟15 471 加仑。燃料泵包括 1 个入口、1 个诱导轮、1 个叶轮、1 个蜗壳、轴承密封和垫片。入口诱导轮的作用是提升燃料的压力，防止汽蚀的发生。叶轮将流体的压力提升到需要值，然后从对置的出口输送至高压燃料管路，再分别到达燃气发生器和推力室。燃料蜗壳与入口用螺栓相连接，并与一个与氧化剂蜗壳销连接的环相连。蜗壳上的耐磨环与诱导轮相连。蜗壳与叶轮之间的腔称作平衡腔。平衡腔中的压力对燃料叶轮有一个向下的作用力以平衡来自上面的氧化剂叶轮的作用力，这样就控制了轴作用于 1 号和2 号轴承的总轴向力。一个耐磨环控制着叶轮入口和泄出口之间的泄漏，磨损环与叶轮相连接且发挥着一个孔口的作用。燃料蜗壳为轴承保持架提供支撑，保持架支撑 1 号和 2 号轴承及加热器的壳体。3 号轴承密封，位于 1 号轴承和氧化剂过渡密封之间，阻止用于润滑轴承的燃料与氧化剂相接触。如果燃料通过了密封，来自氧化剂过渡密封的吹除气流会将过界燃料排出舱外。在 2 号轴承的燃料侧，4 号润滑密封的润滑剂在轴承腔内。燃料蜗壳其余密封为主密封，将带压燃料密闭在平衡腔中，并使平衡腔保持理想压力，防止高压燃料进入低压一侧。

（3）涡轮

55 000 制动马力的涡轮驱动燃料和氧化剂泵。这是一个 2 级复速涡轮，有 2 个被一套静子分隔开的旋转冲击式叶轮。涡轮安装在

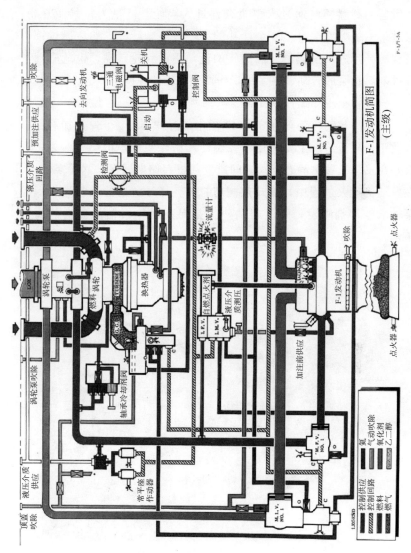

图 4－9　F－1 发动机主级工作过程示意图（洛克达因公司，哈罗德·霍尔藏品）

涡轮泵的燃料泵一端，这样就把具有最大工作温度极限的涡轮泵元件（涡轮1 500 华氏度，氧化剂泵－300 华氏度）分开了。来自燃气发生器的高温燃气通过入口集合器进入涡轮，流量为每秒 170 磅，通过第一级喷嘴至有 119 个叶片的第一级旋转叶片，然后通过第二级旋转叶片进入换热器。热燃气的流动驱动涡轮转动，也就驱动了推进剂涡轮泵的转动。在主级工作期间涡轮的速度是 5 550 转/分。

（4）轴承冷却剂控制阀

轴承冷却剂控制阀有 3 个 40 微米的过滤器，3 个弹簧加载单向阀及 1 个限流器。主要作用是控制冷却涡轮泵轴承的燃料流量；其次是在发动机各次静态点火之间或发动机存储期间保护涡轮泵轴承。在发动机点火过程中，冷却剂阀芯打开，经过滤后的燃料进入涡轮泵轴承冷却剂喷嘴，限流器的作用是保证涡轮泵轴承喷嘴的压力正常。

图 4－10　1966 年 1 月 18 日拍摄的 F－1 发动机模装机照片，与当时生产的

发动机完全相同，并安放在总装厂房地面上供参照

（洛克达因公司，哈罗德·霍尔藏品）

4.5　燃气发生器系统

燃气发生器系统提供驱动复速涡轮的热燃气。它有 1 个燃气发生器阀、1 个喷注器、1 个燃烧室及推进剂供应管路。由涡轮泵 2 号燃料和氧化剂出口管路向燃气发生器供应推进剂。推进剂通过阀和喷注器进入燃气发生器，由双烟火点火器在燃烧室中点燃推进剂。阀由来自液压控制系统的燃料压力液压动作。相对于发动机混合比，燃气发生器混合比是富燃的，这样在未冷却的燃气发生器和涡轮中提供一个低的燃烧温度。

（1）燃气发生器阀

液压作动的燃气发生器阀控制进入燃气发生器的推进剂及其时序。循环地驱动液压燃料由壳体中的一个通道全部流回主路中，以防止球形燃料腔中的燃料发生冻结。打开和关闭控制口之间的活塞中也有燃料循环流动以防止 O 形圈的冻结。

（2）燃气发生器喷注器

喷注器将燃料和氧化剂导入燃气发生器燃烧室。喷注器是一个平面型的多孔结构，有 1 个顶盖、1 个盘、1 个环形集液腔、5 个氧化剂环、5 个燃料环和 1 个燃料盘。燃气发生器阀和喷注器燃料入口的 T 形壳体安装在喷注器上。燃料通过燃气发生器燃料入口 T 形壳体从燃气发生器阀进入喷注器。燃料通过喷注盘的内通道由燃料环和盘上的喷孔进入燃烧室。氧化剂从燃气发生器阀通过氧化剂入口集液腔进入喷注器。氧化剂通过氧化剂集液腔导入喷注盘上的内通道，通过氧化剂环上的喷孔进入燃烧室。

（3）燃气发生器燃烧室

燃气发生器燃烧室为推进剂燃烧提供一个空间并将热燃气导入涡轮泵涡轮集合器。它是一个单壁燃烧室，位于燃气发生器和涡轮泵出口之间。

4.6　发动机接口面板

发动机接口面板安装在涡轮泵液氧和燃料入口上方，为发动机和 S–IC 之间的电连接器与箭体的连接提供连接位置，同时是柔性热阻帘的安装点。发动机接口面板由耐热不锈钢铸造，分为三部分，由铆钉和螺栓组装在一起。

4.7　电子系统

电子系统包括用于发动机控制作动的铠装柔性线束和飞行仪表线束。

4.8　液压控制系统

液压控制系统在启动和关机时序中控制发动机推进剂阀门。它包括 1 个自燃燃料集液腔、1 个止回阀、1 个发动机控制阀和相应的管路及配件。

（1）自燃燃料集液腔

自燃燃料集液腔将自燃流体导入推力室喷注器独立点火器的燃料系统。它包括 1 个自燃燃料药盒、1 个点火监视器阀、1 个位置开关及 1 个点火器燃料阀。燃料药盒、位置开关和点火器燃料阀位于集液腔内部。点火器燃料阀是弹簧承载的止回阀，阀打开后燃料进入，随之而来的冲击压力挤破药盒膜片并释放出自燃流体。一个加载在弹簧上的凸轮锁紧机构是集液腔的一部分，当作动位置开关打开，位置开关指示药盒何时安装到位并防止药盒膜片被挤破之前点火控制阀发生作动。

（2）点火控制阀

点火控制阀是一个压力作动的三通阀，安装在自燃集液腔上。点火控制阀控制燃料主阀的打开，保证只有在推力室具备满意的燃

图 4-11　从发动机接口面板向喷管延伸段看去的 F-1 模装机视图。
推力室外部的白色帽为热防护装置安装部位的保护措施
（洛克达因公司，哈罗德·霍尔藏品）

烧条件时才打开燃料主阀。当药盒被安装在自燃集液腔后，有一个
凸轮机构防止点火控制阀阀芯离开关闭位。点火监视器阀有 6 个端
口：1 个控制口、1 个入口、2 个出口、1 个返回口，还有 1 个常压
参照口。控制口接收来自推力室燃料集液腔的压力。入口孔接收驱
动燃料用于打开燃料主阀。当点火控制阀的阀芯回位后，入口液压
燃料作用在阀芯座上。当药盒膜片被挤破后，弹簧加载的凸轮锁紧
机构拉回，点火控制阀的阀芯不受限制运动。当推力室压力上升时，
点火控制阀的阀芯运动到打开（作动）位置，液压燃料从出口进入
燃料主阀。

（3）检测阀

检测阀包括 1 个球、1 个提升阀芯和 1 个作动器。检测阀用于点火控制阀和燃料阀的地面检查，并防止检查过程中使用的回流液压燃料通过发动机系统进入 S-ⅠC 燃料箱。在进行发动机检测或维护的时候，检测阀的球被定位，进入发动机液压回路的燃料经球阀返回至地面支持设备。发动机静态点火和飞行时，球被换向，进入发动机液压回路的燃料经球阀返回发动机出口。

（4）发动机控制阀

发动机控制阀包括 1 个过滤器集液腔、1 个四通电磁阀和 2 个旋启式止回阀。过滤器集液腔有 3 个过滤器：供应系统 1 个、打开和关闭压力系统各 1 个。过滤器防止异物进入四通电磁阀或发动机。2 个旋启式止回阀装配在供应系统过滤器上，可以利用地面供应流体作动液压系统进行检查和维护，或在发动机正常工作时由发动机提供液压流体。

四通电磁阀包括 1 个主阀芯和套筒，实现了燃料主阀、氧化剂主阀和燃气发生器阀作动流体的双向控制。阀芯通过 2 个三通从动导引器并依靠压力定位，每个三通从动导引器有一个螺线管控制的常开三通主导引器。发动机控制阀断电位置即关闭所有发动机推进剂阀的位置。向启动螺线管瞬间通电 DC 28 V，将启动控制阀作动，主阀芯的位置达到顶点，液压力作用于打开口，之前作用于关闭口的压力由返回口泄出。壳体内的一个通道使打开口和启动螺线管提升芯之间保持一个压力。启动电磁阀断电后，该压力使主阀芯保持在打开位置，这样不需要向启动电磁阀施加电信号打开口仍然保持有压力。向关机电磁阀瞬时加电 DC 28 V 将启动控制阀作动，主阀芯达到另一顶点位置，压力从打开口泄出并施加于关闭口。在停电的情况下，优先活塞由遥控压力供应，可随时作动，将主阀芯重新定位并向关闭口施加液压力。如果电力和液压力都没有了，阀门将依靠弹簧力返回断电位置。如果液压力恢复，则压力会施加于关闭口。如果同时向开启和关闭电磁阀发送了电信号，关闭电磁阀将优先于启动电磁阀，阀门回到关闭位置。

（5）旋启式止回阀

发动机控制阀上有 2 个相同的旋启式止回阀。有了旋启式止回阀就可以在发动机启动瞬间使用地面燃料液压，在发动机主级和关闭时使用发动机燃料液压。一个止回阀位于发动机液压燃料供应入口处，另一个位于地面液压燃料供应入口处。

4.9　飞行测试系统

飞行测试系统包括压力传感器、温度传感器、位置指示器、流量测量装置、电力分配接线盒和相关的电力线束。飞行测试系统对发动机的性能实施监测。该系统包括主要元件和辅助元件：主要元件用于所有的静态点火和运载器发射；辅助元件用于研发、发动机静态试验项目验收及运载器初始飞行。飞行测试系统元件的参数测量包括如下内容：

（1）主要元件测量参数

· 燃料涡轮泵 1 号入口压力

· 燃料涡轮泵 2 号入口压力

· 共用返回液压力

· 氧化剂涡轮泵轴承喷注压力

· 燃烧室压力

· 燃气发生器室压

· 氧化剂涡轮泵 1 号轴承温度

· 氧化剂涡轮泵 2 号轴承温度

· 涡轮泵轴承温度

· 涡轮泵入口温度

· 涡轮泵转速

图 4-12　F-1 发动机模装机中心线向下视图（洛克达因公司，哈罗德·霍尔藏品）

（2）辅助元件测量参数

- 氧化剂涡轮泵密封腔压力
- 涡轮出口温度
- 换热器氦入口压力
- 换热器出口压力
- 氧化剂涡轮泵 1 号出口压力
- 换热器液氧入口压力
- 换热器气氧出口压力
- 燃料涡轮泵 1 号出口压力
- 发动机控制开启压力
- 发动机控制关闭压力
- 换热器液氧入口温度
- 换热器气氧出口温度
- 换热器氦出口温度
- 燃料泵 2 号入口温度
- 换热器液氧入口流量

（3）主副接线盒

飞行测试系统有 2 个电气接线盒。主接线盒有 8 个电连接器，副接线盒有 5 个电连接器。接线盒均焊接密封并用惰性气体加压，防止污染和潮湿。

4.10　发动机的工作过程

启动 F－1 发动机需要地面液压源、推力室提前充填、燃气发生器、涡轮排气点火器和自燃点火剂。F－1 发动机要持续工作需要液压力、电力及推进剂。

启动按钮开启后，检测阀将液压驱动回路口由地面管路切换至发动机燃料泵低压入口。高压液氧开始充填燃气发生器和推力室液氧顶盖。燃气发生器和涡轮排气点火器点火，发动机控制阀启动线圈

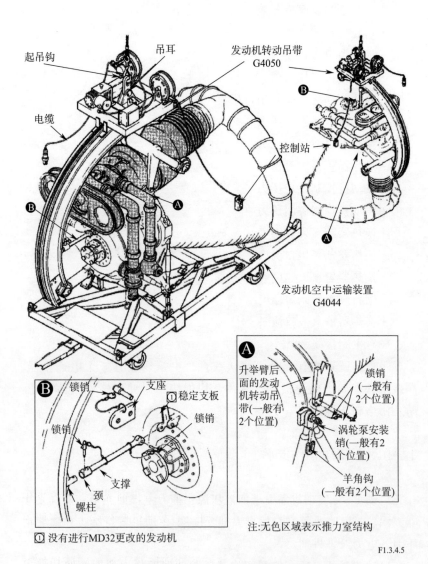

图 4-13　用于 F-1 发动机的转动吊索及空运处置装置

（洛克达因公司，文斯·惠洛克藏品）

通电。驱动液压施加至氧化剂主阀打开控制口。氧化剂阀部分打开后，液压施加至燃气发生器阀打开控制口。燃气发生器阀打开，推进剂贮箱中的推进剂进入燃气发生器燃烧室，燃气发生器点火器点燃推进剂混合物。排出的燃气流过涡轮泵涡轮、换热器和推力室排气集液腔进入喷管延伸段壁内，此处，涡轮排气点火器点燃富燃混合物。随着涡轮对氧化剂和燃料泵的加速，泵输出压力上升，增大输送至燃气发生器的推进剂流量。涡轮泵继续加速，随着燃料压力的上升，点火器燃料阀打开，直到压力挤破自燃点火药盒膜片，将自燃点火剂释放，与点火燃料一起输送到推力室。当自燃剂与推力室中的氧化剂接触后即刻点燃燃料开始燃烧。推力室的压力由感压导管传递至点火控制阀的感压口，当推力室压力上升时，点火控制阀作动，使带压流体流向燃料主阀打开控制口。燃料阀打开，燃料进入推力室燃料入口集液腔。一部分燃料直接进入喷注器和燃烧室，其余的顺着组成燃烧室壁的管道完成冷却后进入喷注器。随着推进压力的上升，推力 - OK 压力开关作动，指示发动机工作正常。推力室压力继续上升直至燃气发生器达到额定功率，并由燃气发生器推进剂供应管路上的节流孔控制。当发动机燃料压力超过地面供应液压力，液压力供应源则切换到发动机。液压燃料在发动机组件中流动并通过发动机控制阀和止回阀返回涡轮泵燃料入口。当燃料主阀打开时，地面液压供应源切断阀转到关闭位置。这样，发动机液压系统可以在关机过程中保持液压的供应。

4.11　发动机关机

当给出关机信号后，液氧顶盖中的氧化剂吹除开始，发动机控制阀的关机电磁阀通电。保持燃气发生器阀、氧化剂主阀和燃料主阀打开状态的液压介质回流。同时，液压被传导至燃气发生器、氧化剂主阀和燃料主阀的关闭控制口。检测阀作动后，推进剂压力回落，氧化剂开始强吹除。然后，点火器燃料阀和点火器控制阀关闭。推力室压力将在氧化剂主阀到达完全关闭位置的同时达到零。

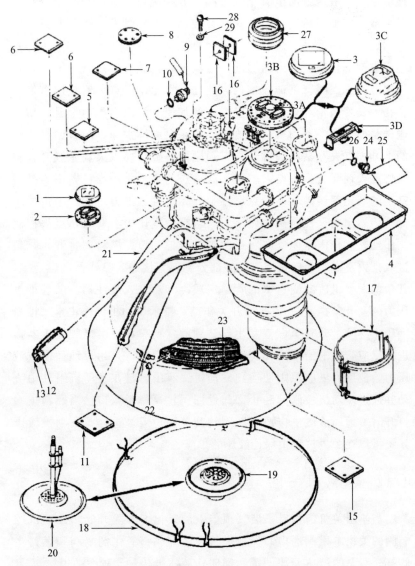

图 4-14 F-1 发动机的盖板及罩子（洛克达因公司，文斯·惠洛克藏品）

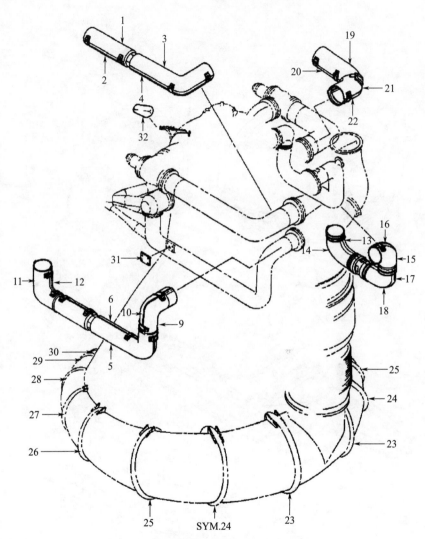

图 4-15 F-1 发动机推力室集合器及推进剂导管罩子

(洛克达因公司, 文斯·惠洛克藏品)

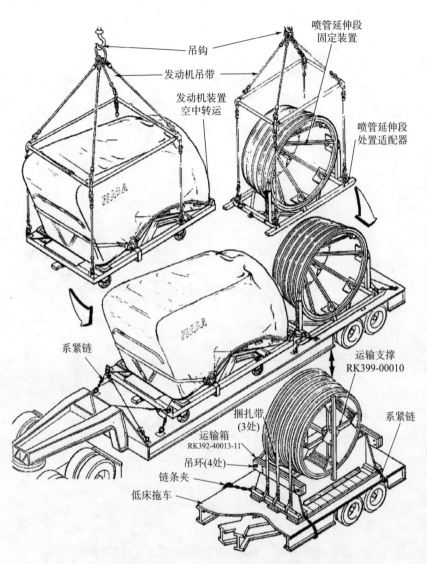

图4-16 进行地面运输前将F-1发动机吊装到低平板挂车上

（洛克达因公司，文斯·惠洛克藏品）

4.12　发动机的运输

　　每台 F-1 发动机都花费了数千万美元，对其的处置必须仔细小心，在运输过程中要进行固定和保护。洛克达因公司为发动机的海陆空运输设计了支持设备。F-1 发动机从加利福尼亚的公司总部运至爱德华兹空军基地（Edwards Air Force Base）进行测试时用的是平板卡车。从那里用驳船运至路易斯安那州 MAF。整个 S-IC 由驳船运至 KSC。如在卡纳维拉尔角需要更换发动机，可以航空运输，也可以驳船水运。

　　(1) 发动机处置支持设备

　　在 F-1 发动机完成总装的过程中，防护壳和防护包裹已经固定在发动机上，在安装到 S-IC 上之后这些物品就拿掉了。同时，安装了常平座轴承锁来固定常平座轴承，还安装了推力室喉部安全堵盖。在洛克达因公司的车间里，发动机的处置和转向使用的是发动机转动吊索。有一个特别的半圆形轨道，可将发动机从垂直位置转换为水平位置，以便将其安放在发动机空运安装架（ATEH）上。然后在 ATEH 和推力室排气集液腔上安装一个钢管架，并用箍带固定。在这上面是厚重的发动机罩。ATEH 有四个轮子，可以用拖杆移动。ATEH 的四个角挂有发动机处置吊索，可用吊车将其吊装至平板卡车，在卡车上用链条固定。

　　F-1 发动机喷管延伸段有专门的装备。首先给其安装上喷管延伸段处置夹具（NEHF），提供一个结构性的内支撑，喷管延伸段及 NEHF 再被放入喷管延伸段处置适配器（NEHA）。然后用发动机处置吊索将 NEHA 放上平板挂车，并用链条固定。将发动机、喷管延伸段和各种支持设备及发动机热防护设施一起运输。

　　F-1 发动机的防护还有非常重要的一项。在卡纳维拉尔角利用 500-F 检查车对土星 V 号运载火箭进行检查时，遇到了很大的暴风雨，雨水渗入了发动机热防护材料。如果土星 V 号运载火箭带着有雨水的热防护发射，水会被加热到超高温度，防护材料会被撕破使发动机暴露在危险的高温下。为保护发动机和喷管延伸段及热防护材料并在发射台上抵御恶劣天气，洛克达因公司研发了 F-1 发动机环境防护罩，防护罩由橡胶浸渍玻璃纤维和尼龙束带组成，内侧为铝涂层。防护罩上有锁环位于顶部、底部和向下的两排，便于用箍带固定在发动机周围。推力室出口及排气管道上的口均有封堵。

（2）发动机航空运输

工程人员使用了许多专用运输机将 F-1 发动机及其喷管延伸段运至 NASA 的设施里。在机场，安装在 ATEH 上的 F-1 发动机和安装在 NEHA 上的喷管延伸段从平板挂车移至运输托盘并装上起重装卸拖车。对于 NASA 的 B-377-PG 和 B-377-SG 货机，在货舱打开的飞机前固定着起重装卸拖车，将货物吊起至合适的高度，放到托盘上并将托盘移入飞机固定到位。F-1 发动机还曾用空军的 C-133 运输机进行过运输。

（3）发动机用驳船或轮船运输

F-1 发动机还曾用 NASA 专用于运输土星Ⅴ号运载火箭各级的驳船运输过。需要起重汽车或起重吊索将 F-1 的 ATEH 和 NEHA 用平板卡车移入驳船。

（4）发动机地面卡车运输

NASA 起先并没有计划用卡车运输 F-1 发动机，但是后来考虑到如果空运和水运出现意外情况时无法运输，则公路是最快的运输方式。事实上，也实施了这个计划，发动机由卡诺加园区用卡车运送到 NASA 位于美国中部和东部的各处机构。除了上述准备工作外，在公路输送时，涡轮泵氧化剂入口要安装涡轮泵轴预加载夹具。如果涡轮泵要单独运输，也要安装同样的夹具。

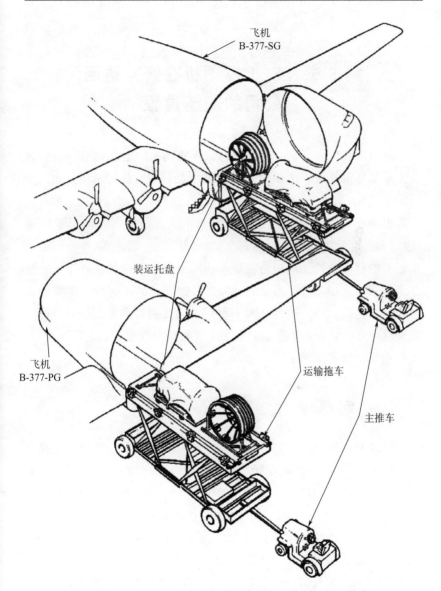

图 4 - 17   将 F - 1 发动机及喷管延伸段定位并安装到飞机运输货盘上
（洛克达因公司，文斯·惠洛克藏品）

第5章 F-1发动机在洛克达因公司的制造过程

在阿波罗计划期间，NAA 公司是 NASA 的主承包商，负责制造土星Ⅴ号运载火箭的 S-Ⅱ级和阿波罗指挥服务舱，其洛克达因分公司制造 F-1 和 J-2 发动机，这两种发动机为全部运载火箭的所有三级提供动力。洛克达因公司还制造小型火箭控制发动机和沉降（推进剂沉降）发动机。因此，在 20 世纪 60 年代，NAA 公司经历了惊人的就业增长。特别是在洛克达因卡诺加园区的加州工厂，就业人数激增。1962 年 7 月 2 日，随着最初授予的 55 台 F-1 发动机生产合同生效，洛克达因公司不得不扩大其制造和装配设施。因其业务性质要求，公司不断研究和开发新材料及制造工艺、控制存货、控制质量和研究测试手段。

5.1 20 世纪 60 年代的洛克达因公司

为履行政府的纳瓦霍、宇宙神、丘比特、红石、雷神和土星Ⅰ号（H-1）火箭发动机合同，洛克达因公司建立了一支精干队伍，以高效的制造能力，从事 F-1 发动机项目。该项目节奏快，设计变更频繁，且通常生产周期短。经常是生产硬件已经制造并交付了，却又在研制过程中发生了设计变更。为适应这种情形，成立了专门的制造组织机构，由厂长负责制造团队，制造和装配主管、制造支持生产线部门主管需向他报告。发动机项目代表在人力资源方面协助厂长，项目代表的作用是确保公司各种方案计划和时间表的实施。每个项目代表具体负责某一专门的发动机项目，并监测其整个生产阶段，包括试验和生产计划。

　　为加快设计和研制计划,将发动机的生产制造部分与制造和装配处的试验工作分离。试验车间最有经验的机械师与发动机工程小组密切合作,往往根据简单的草图或粗糙样机加工试验硬件。钣金和加工部门为试验工徐做金属配件、焊接和加工。样机车间完成详细尺寸的图纸,而通过生产单位精确制造原型硬件,用于子系统的制造操作。例如,一个生产单位主要负责完整的涡轮泵生产全过程,从原料铝铸件的接收,到最后的装配和组件测试。通过要求将所需的设备和机床放置在一个特定的生产区域,可以简化操作。这样既节省时间,改善生产控制,又可确保满足计划节点的要求,并简化了库存管理流程。各种组件都汇集在总区域。在总装过程中,可容纳完整发动机的测试单元,用于高压检验,涡轮泵校准及推力室喷注器流量的检查。

　　洛克达因公司的其他部门是确保发动机生产畅通的至关重要的环节。调度部门为制造价格、工时和预算控制提供支持。规划署则负责日常规划和生产控制运营。该公司还有一个专门的规划小组,实施过程控制。制造分析部负责提供新技术及符合其应用和适用性的专门的研究报告,为查明并消除低效率,该部门还做时间、运动和加工效率方面的研究。工装设计对于制造业是一个重要的部门,负责制造试验和生产工具。为支持基本的工装设计,它还对外部供应商的采购和服务进行监督。由于洛克达因公司不能百分之百地完成火箭发动机制造,所以它就利用外部供应商和大洛杉矶地区供应商的能力。模具部与模具设计室是分开的,以协助该公司的所有部门。模具工程师有解决制造业问题的经验,他们和工程交织在一起,以提高可制造性。为确保火箭发动机的性能和可靠性,洛克达因公司实施了被称为"过程控制"的管理模式。虽然这些在整个制造过程的控制中都是至关重要的元素,但它们只是整体制造策略的一部分。在建立制造产品的可靠性和可重复性时,还要考虑其他措施。

图 5-1　在炉钎焊之前，F-1 发动机被放置在一个充压胎具上，在钎焊过程中，
充压胎具用于支撑推力室（洛克达因公司，文斯·惠洛克藏品）

（1）机械化生产控制

火箭发动机全面质量管理的第一步是程序化的。在阿波罗时代的洛克达因公司，它被称为机械化生产控制（MPC）。这是一个全面的计划系统，包含诸多子系统，涵盖了工厂运营的所有阶段。核心是机械化库存控制（MIC），即按需求提供信息。数据采集网络将简单的输入传输到磁盘文件中，公司任何新的要求（如零件和工具的状况和位置、采购行动的进展情况、材料的可用性、组件和细节的完成状况、零部件质量状态、整个公司的直接劳动成本及会计方法的改变等）都会更新。不断更新的信息也被用来生成每周/每月统计报告，分发给监事和经理。在 20 世纪 60 年代，作为改善 MPC 程序持续过程的一部分，公司几度升级了其中央计算机系统。

（2）过程控制

洛克达因公司控制业务文档、图纸、草图和规范的方式被称为过程控制。该设想最初用于指导和控制某些关键的制造业务，只涉及 10% 的零部件。但随后公司将所有工装计划表都转换成装配操作手册。这些手册按需服务于车间，对工程制图有很大帮助。建立制造工艺规范是为正确描述许多不同的和复杂的制造工程流程规范，这些规范可单独使用，也可作为装配操作书的解释性说明使用。

（3）简报会

在如 F-1 发动机那样重要的设计和研发计划中，预期会有修改，包括采用新材料和新制造工艺。要尽力使所有员工充分了解这些变化。除了由洛克达因公司的教育部门开设的培训课程外，还提供了辅助培训，如简报会。可采取定期会议或使用涵盖制造业务全范围的音频/视频的授课形式，如新型先进设备的理论和操作、控制方法和操作知识。

（4）制造业的发展过程

20 世纪 60 年代，洛克达因公司制造业的发展是其制造工艺控制的重要组成部分。进行此操作的部门由技术和经验丰富的车间人员组成，他们要执行各种任务，包括研发和支持功能，以弥补有关提升

图 5-2　F-1 发动机推力室放置在立式炉中，在炉中进行钎焊

（洛克达因公司，文斯·惠洛克藏品）

传统设备理论和实际应用之间的差距；建立新设备的运行参数和设计或发现新的设备和工艺。在 20 世纪 60 年代初，公司以提高在 60 年代剩余年份至 20 世纪 70 年代的完成率为目标，成功完成了至少 40 项这样的计划。当时，洛克达因公司使用的是最先进的生产技术，包括电火花加工技术、电化学加工技术和电子束焊接技术。它还应用固态振荡器，能够输送远超过当时电火花加工机床产生的峰值电流。在高达 100 兆赫脉冲的频率下，旋转石墨电极以与立铣刀大致相同的方式工作，表面粗糙度值比以前的设备更小。

将高频脉冲和高电流密度结合使用，在保持表面粗糙度的同时可大幅提高加工率。电化学加工工艺是以增大电流密度和改进电解质的方法为核心，以改善切削率和精度。在此领域的其他改进是研制一种传感器，可通过预放电在程序设定的短时峰值反向充电以消耗电极，以及将电化学过程改进应用于常规设备。在电子束焊接面积方面，对设备做了升级，以提高焊接重复性，使其具有更好的跟踪能力，并减少机器的停机时间。

（5）可加工指数

在 1956 年，火箭发动机只有总重量的 5% 是由特殊材料构成的，需要进行特殊加工或制造。但在 20 世纪 50 年代末期，特殊材料的比重已上升到总重量的 90% 左右。洛克达因公司采用了可加工指数来反映材料强度和硬度的增大。可加工指数表明，传统的设备几乎无法处理 F-1、J-2 和 H-1 发动机硬件所采用的超级合金和耐热材料。为了应对这个问题，公司安装了功率更大、精度更高的强大设备，加工工具的更换也更加频繁。对 F-1 发动机来说，推力室采用因康镍-X 合金就需要研发新的成形工艺、高强度的加工技术和特殊熔焊技术。推进剂喷注器也需要更多的耐热合金——不锈钢型号从 4130 转到 347，最后到镍基合金，这需要非传统的机加设备和工艺。事实上，由于其尺寸和功率提升，F-1 在其生产的几乎所有领域都推动了技术进步。

图 5-3　检查钎焊的 F-1 发动机推力室（洛克达因公司，文斯·惠洛克藏品）

5.2　无损检测

　　除了发动机元件外，洛克达因公司为确保液体推进剂火箭发动机质量、可靠性和性能的稳定，对材料进行无损检测（NDT）。这是制造程序的一个重要阶段，因为有缺陷的材料或零件可能导致部件或组件发生故障，进而导致发动机的损坏。每个零件必须经过严格的测试和检验。在洛克达因公司，无损检测涉及工程研制实验室、质量保证实验室和生产检验部门。工程研制实验室（EDL）负责设计审查和修订规范，对失效分析材料进行评价，对测试方法进行研究和开发，以及测试新方法在生产检验中的应用。质量保证实验室（QAL）负责检验 NDT 图纸，培训检查员，检查配套生产，监控内部和供应商，支持现场测试，以及研究测试方法在生产检验中的应用。生产检验署（PID）的主要功能是按照有关工程图纸要求和规范评价发动机零部件、材料和工艺，以支持生产。洛克达因公司的检查员利用先进的仪器和测试设备，确保硬件的快速流动和可靠的测试评价。PID 还负责制造过程中测试方法的规划和编程。

洛克达因公司采用了各种无损检测方法对材料和工艺进行评估，既包括全电磁频谱法，又包括其他方法，以提供一种定性或定量评价材料或工艺的方法，而不改变被测试项目。其发动机的可靠性计划从设计和制造开始，以确保精确、高强度硬件在指定条件下工作时不会失效。全面的检查可确保零件符合规定的公差以及加工和制造工艺，是不可或缺的步骤。在研制期间对单个部件测试后，还要对组件进行全面测试，以发现内在的缺陷。成功的研制试验为发动机重复生产过程通往验收试验铺平了道路。所有针对早期发动机开发的无损检测程序都被应用到 F-1 发动机中，虽然在某些情况下，为考虑新发动机惊人的尺寸，不得不对程序进行修改。

（1）射线检查

在 F-1 发动机的检查中，用射线来检测所有的 I 类焊缝和高强度铸件的内部缺陷，以确定钎焊料在推力室和组件在钎焊后的分布，检测电气组件内部，以确定是否存在组件缺失或破损。每个制造大楼都设有检验实验室，在圣苏珊娜还设有野外实验室。零部件的检查在一个专用的暗室中进行，检查时，将胶片放在不透光托架上，紧靠待检件下方，然后用放射性同位素铱 192 照射目标。曝光的胶片经处理、干燥，通过评估负像判断被检部件或组件是否合格。

（2）液体渗透检验

洛克达因公司采用了许多液体渗透方法进行检查。渗透剂可以是着色剂，也可以是荧光剂，它们由油基或水基成分组成，应用方

图5-4　F-1发动机推力室管束和箍带近视图（洛克达因公司，MSFC历史办）

式有浸渍、喷涂或刷涂。水基渗透剂用于检验与液态氧或其他活性氧化剂接触的零件。在检查之前，要先清除零件上的水锈、污垢、油、油漆或杂质。渗透检查时，在内表面喷涂渗透剂，在外表面施加显影剂。所有的Ⅰ类和Ⅱ类焊件、管材、铸件和锻件需要以这种方式检查，还有非磁性加工零件。洛克达因公司还设计了一个特殊的高分辨率荧光渗透检验程序，用来检验细小裂纹。

（3）磁粉探伤

磁粉探伤用于检测铁磁材料的不致密性。该步骤是在测试件建立一个适当的磁场，将磁性颗粒涂在其表面以检查颗粒的堆积情况。此方法也可显示表面下的不致密性。磁场可以沿纵向或周向取向。检查完成后，零件在进一步加工之前需要退磁。

图 5-5 拍摄于 1961 年 12 月 7 日，显示推力室已经过炉中钎焊处理

（洛克达因公司，哈罗德·霍尔藏品）

（4）超声波探伤

超声波探伤通过脉冲传输或脉冲回波来进行。测试频率在 1~25 兆赫兹。超声波测试和检验用于检测薄或厚的板、杆、棒、锻件、管和焊件中的缺陷。厚度范围从不足 1 毫米到数米，但根据 ASTM E-113，大多数测试的厚度达 15 厘米。此检验的优点是：

1）灵敏度高，允许检测微小的缺陷。

2）极具穿透力。

3）缺陷位置和缺陷大小估计精确。

4）响应速度快，允许快速自动化检验。

5）仅需在试件的一个表面进行检测。

在 F-1 发动机项目期间，洛克达因公司采用超声波探伤检查焊件和钎焊组件的数量大幅增长。因零件厚度或几何形状的不同，某些不能用 X 光检查的焊接组件，就用超声波检查来代替。这种方法被广泛用于钎焊式喷注器、燃气发生器、定子和推力室管束与外壁之间以及管束与加强箍钎焊接头的缺陷检测。用于所有锻件、Rene 41、因康镍-X 合金和 Hastelloy-C 合金板的库存检测，以及所有因康镍-X 合金薄壁推力室无缝管件的纵向缺陷检查。洛克达因公司建造了直管和锥形管的自动化检查系统。

（5）涡流探伤

在涡流探伤中，由一个交变磁场感应出测试对象中的涡流电流，从而测出测试对象紧邻范围内的电磁场。该检测可测量到的物理性质范围包括合金的变化、热处理、硬度、缺陷大小、尺寸变化、导电性和致密性。涡流探伤可有效分拣出不同合金，或者单一材料的不同韧性，这对检测薄的有色金属管件或薄板有帮助。

（6）红外检测

红外检测可检测 F-1 发动机中某些组件。由于每个物体在一定波长范围内辐射热量，当一个组件因制造过程而改变或有缺陷时，它发射的热量在其表面会发生变化。给某个零件加热，然后扫描它在冷却过程中的变化可以发现这样的缺陷。红外检测也可对处于加热过程中的部件或组件进行检查。因为洛克达因公司没有做这些测试的设备，任务承包给一家在科罗拉多州博尔德的公司。

（7）动态荧光照相术和电影荧光照相术

这两种检查方法均采用 X 射线穿透测试对象，并用荧光图像增强器观察对象。电子元件和热电偶使用动态荧光照相术检查。在洛克达因公司，使用电影摄像机的电影荧光照相术评估小型烧蚀推力室在热试期间的故障模式。

（8）厚度检测设备

洛克达因公司采用数种设备测量板材或材料的厚度，包括使用高倍镜测量铁基体上的非磁性涂层；高频电流镀层测厚仪是通过建立一个涡流，测量非磁性基板上的阳极氧化电镀铝或不导电涂层；贝塔镜用来测量铜镀黄金或铝镀铬涂层的厚度；工艺核子测厚仪利用伽马射线反向散射原理来测量小直径、锥形、薄壁推力室管件的厚度。

（9）硬度测试

洛克达因公司使用了不同设备来检查热处理件的硬度，以确保与图纸上的规格一致。除了行业标准罗克韦尔硬度测试仪，洛克达因公司还采用布氏硬度和里勒测试仪。洛克达因公司有一个相当大的冶金实验室，用来测试特定的 F-1 发动机部件的表面粗糙度。

图 5-6　F-1 发动机推力室在装配过程中要进行许多无损检测。图为技术人员用超声波检查管路-外壳钎焊接头（洛克达因公司，文斯·惠洛克藏品）

（10）目视检查

目视检查一直都是质量控制的一个重要手段。洛克达因公司借助光学放大镜、管道镜和光纤镜来目视检查加工和制造的零部件。检查件必须首先通过视觉检查后才能做进一步的测试。

（11）测试方法的选择

根据洛克达因公司多年的制造经验，对于要进行无损检测的某个给定的零件或组件，都在图纸或其他文件上有标示。所有锻件都需要进行超声波、渗透探伤或磁粉检测。Ⅰ类焊件需做 X 射线/超声波、渗透或磁粉检测。如果新零件不能做无损检测，那么设计工程师、材料和工艺工程师和制造及质量控制部门则必须协调开发一种新的测试手段。与生产的硬件一样，研究和开发的硬件自然也要经过相同的无损检测测试。已加工的新元件或组件需进行静态和动态测试，以确保符合设计规范，对发生故障的组件要进行故障分析，包括冶金学评估。对生产硬件的检查，要求每一个部件和组件每次都需要做无损检测。

（12）F-1 发动机的可靠性和无损检测

每一个制造的部件（与其他组件集成到 F-1 发动机分组件）都做无损检测，对发动机的可靠性和性能是至关重要的，事实上洛克达因公司为每一个火箭发动机都做无损检测。某一单个零件的失效，可能会引发连锁事件，导致发动机自动关机或销毁，两种情况下都会对任务造成损害。洛克达因公司通过使用最严格的无损检测手段，避免由关键部件引发的灾难性失败。这一点，再加上严格的开发测试，及成品发动机的验收测试，保证了 F-1 发动机 100%的飞行成功率。

5.3 F-1 发动机推力室

洛克达因公司对 F-1 发动机所做的早期研究证明，制造一个推力超过一百万英镑的推力室，不存在不可逾越的问题。但与公司以前生产发动机面对的问题不同的是，它的尺寸对目前制造能力形成了挑战。F-1是第一台在推力室组件使用超硬因康镍-X合金的发动机,其推力室空前的尺寸对管束制造和钎焊过程形成困难。早期的管壁再生冷却火箭发动机使用的高传热纯镍管束,是采用熔点低的银基钎焊合金手工钎焊的。这些传统材料和工艺,不能用于F-1发动机推力室。

(1) 炉中钎焊

从最初的对连接工艺所做的研究工作中发现,在大多数银基钎焊合金的温度范围,即1 200～1 500华氏度,由于高镍合金具有低延展性,纯镍上使用的传统火炬钎焊技术不能用于因康镍X-750合金。带因康镍X管和传统钎焊合金的钎焊件,使用熔点低的银基钎焊合金,存在液态金属应力开裂。人们发现,许多焊件经试验和分析后,连接管束唯一可行的方法是采用高温钎焊料的炉中钎焊。但是,因康镍X-750合金中的铝和钛倾向于形成难熔氧化物,使大多数钎焊料的表面难以有效润湿。洛克达因公司的冶金学家,通过在因康镍X-750合金管和其他部件的表面电化学沉积一层厚度为0.001 0～0.001 4英寸镍的方法,解决了此问题。

洛克达因公司所建的F-1发动机推力室钎焊炉是同类中最大的。与人工操作的传统火炬钎焊工艺相比,使用钎焊炉还有如下优点:

1) 通过控制加热速率和膨胀率使热应力最小。

2) 在钎焊过程中,推力室的整个表面施加的温度均匀,保证每个推力室的一致性。

3) 钎焊过程综合因康镍X-750合金的时效硬化。

(2) 推力室钎焊料系统的选择

洛克达因公司决定推力室使用因康镍X-750合金,炉中钎焊作为推力室组件焊接的主要方法,因此要对潜在的钎焊料系统做详细评估。所考虑的是由银基、镍基和金基组成的钎焊料系统。分析推力室钎焊连接的可靠性要求,决定使用的钎焊工艺有三个步骤。在第一步钎焊操作中,采用感应加热的方法将成对的小型推力室管焊接到更大的主管。接着将此分组件叠层,在炉钎焊,作为整体推力室组件的一部分。在第二步钎焊操作中，将所有推力室零件（包括管组件、外壁、箍和发动机环）焊接在一起。在第三步钎焊操作中，将推力室某些重要连接区域进行局部再熔合，然后进行另一个炉中钎焊操作。在每个阶段，为了不熔化以前的钎焊组件，必须准确控制温度。

（3）零件处理细节

所有推力室组件，包括外壁、喷注器环和出口环，均精密加工。因康镍 X - 750 夹套的锻造和焊接结构，在制造过程中有严格的工艺和质量控制要求。因康镍 X - 750 推力室合金管按照严格的公差制造，然后采用半自动工艺感应钎焊。缠绕推力室喷管延伸段的卡箍也是精密成形的。这种精密制造是必不可少的，以确保整个室的组件能够满足建立毛细效应和良好的钎焊料流动所需的最小间隙。为了实现这一目标，有必要对所有零件进行适当的表面处理。为了确保成功钎焊因康镍 X - 750 合金，推力室外壁和管束采用电化学法镀镍。全部推力室组件，包括那些已经镀镍的组件，要进行一连串的清洁操作，包括脱脂、碱洗和使用去离子水冲洗，以优化钎焊条件。至此，推力室组件可准备进行组装。为了不违反成功钎焊的严格要求，在推力室装配和在炉钎中焊时，都在专用的"洁净室"中进行。将推力室管的分组件装配到夹套和出口环，称为"压胎操作"，是在压胎夹具中完成的。这是一种精密工具，可在钎焊之前，可使管束、外壁和出口环之间建立良好的装配精度。在钎焊前，制造和装配的高精确度是显而易见的事实，为隔绝燃烧室的燃气，有总长约 3 000 英尺的管与管接头要密封，大约有 7 000 个管-卡箍接头需要焊接。燃气的温度大约在 5 000 华氏度，在燃烧室中含有它们，是钎焊工艺的一个重大成就。在钎焊操作的第一个周期，钎焊料是粉末形式，应用洛克达因公司专用的喷涂工艺。推力室炉中钎焊工艺的所有阶段，都按照公司的 F - 1 炉中钎焊工艺参数进行控制。在喷涂工艺中，将钎焊料喷涂到推力室内部和外部的管与管接头处。至此，推力室可进行炉中钎焊加工。

图 5-7　涡轮机排气集合器的制造和在 F-1 发动机推力室底部的安装

（洛克达因公司，文斯·惠洛克藏品）

　　(4) 钎焊转炉和高温充压胎具工装

　　F-1 发动机推力室前所未有的尺寸对模具的性能有一个主要要求,即模具必须承受推力室管组内部可成功钎焊的超过 2 000 华氏度的高温,通过使用一种称为"充压胎具"的装置来完成。"充压胎具"由一个柔性耐热合金蒙皮构成,与推力室内部轮廓一致,当它被加压时,就会支持管组。这项技术与早期的概念迥然不同,它使用了高质量的高刚性耐热合金芯棒。良好的内部支持特性和小质量的充压胎具工装是确定一个相对快速和经济可行的炉中钎焊的主要因素。钎焊箱实现了在炉中钎焊操作的第二个要求:消除钎焊组件周围空气中的氧气。这需要严格控制推力室周围的纯净气氛。钎焊箱使用专用的高镍铬不锈钢制造。其设计形状可保持整个钎焊周期推力室内部和周围的保护性气氛。加热循环开始之前,燃气管路将氩气从钎焊箱底部输入以置换残留的空气。

　　(5) 炉钎焊:第一个周期

　　在炉中钎焊操作的最后一步中,数百个零件和组件组成一个完整的推力室。这在许多方面类似于土星 Ⅴ 号运载火箭本身的发射,因为在炉钎焊操作过程中的诸多控制若出现任何失败,都可能产生无法接受的后果。因此,整个过程是一个高度发达和严密控制的操作。F-1 发动机推力室钎焊炉在设计和性能上都是独特的。它的小质量结构提供了最小热容量,可在钎焊周期中快速响应推力室的加热要求。它具有三个温度控制区,因此能够提供均匀的加热和快速响应。这些性能特征有可能在室温下启动炉中钎焊周期,从而避免推力室放入炉中受到其工作温度的热冲击。因为钎焊要升高温度,此冷启动能力有助于将推力室的温度梯度限制至 150 华氏度。由于推力室组件壁的厚度变化在管壁处为 0.020 英寸,在夹套处高达 0.500 英寸,在常规炉中,大的温度梯度会产生不可接受的热应力和零件的尺寸变化。在炉中的第一个钎焊周期之后,推力室准备第一次管—管连接泄漏测试。在这些测试或通过 X 射线检验过程中,若发现有缺陷的接头,在第二个炉钎焊周期之前,要重新喷涂钎焊料。

（6）第二个炉钎焊周期之前的清洁和喷涂钎焊料

第一个钎焊周期之后，推力室要彻底清洁和冲洗，以除去任何钎焊后的残留物和松散的焊料颗粒，然后返回到洁净间，将选定的区域重新喷涂钎焊料。在合金化处理的第二个周期，使用黄金-18镍合金的淤浆、糊状焊剂和酒精完成。为优化钎焊料的流动和密封能力，反转推力室，外壁向下，准备进行第二炉钎焊周期。第二个周期的不同在于：因为推力室现在是自支撑，并不需要内部支持工

图 5-8　1962 年在光学工具间对涡轮排气集合器进行检查

（洛克达因公司，文斯·惠洛克藏品）

具，为防止第一次钎焊缝重熔，钎焊温度为 1 800 华氏度，大大低于第一钎焊周期，同时因康镍 X-750 在冷却循环中时效。

（7）炉钎焊仪表

推力室温度采用镍铬-镍铝热电偶测量，为监控温度，在整个推力室遍布校准测点。在因厚度，或者靠近炉壁处等可能会引起室平均温度变化的部分，也布设了热电偶测点。为维持钎焊箱所需的高纯度气氛，热电偶电缆通过管线经钎焊箱引入钎焊炉底部的低温部位，然后穿过密封件连到记录仪。引起表面氧化和钎焊不良的最重要的原因可能是存在水蒸气，炉钎焊 F-1 推力室的氩气中水蒸气含量小于百万分之四。在炉钎焊作业中，任何进入或离开该钎焊箱的水分都通过电解湿度计（测量钎焊箱中的氩气露点）监测。装有干冰和丙酮的冷杯用作这种仪器的一种常规的备份。同时还监测钎焊箱内气体的氧含量和比重。

推力室在炉中钎焊的第二个周期之后，要进行一系列压力、渗透剂和射线测试，以确定其钎焊接头不容许有任何热气体和燃料泄漏。此外，要进行管—管接头处的热气体泄漏压力测试，首先在推力室关键部位进行管接头的影像学检查，其次是针对燃料泄漏对接头进行渗透剂和静态液压测试。

5.4　F-1 发动机的 10# 涡轮泵

较之其他组件，F-1 发动机的 10# 涡轮泵花费了更多的设计和制造时间。通过使用单个两级涡轮驱动燃料和氧化剂泵的直接驱动装置，实现了简单性和可靠性设计。集液腔和转子的材料选择，注重高温下的高强度性能和较厚部分的机械性能。涡轮机叶片材料，按照高温下的高强度、良好的机械性能、抗热疲劳性能和可浇注性能来选择。泵轴材料要易于制造，在工作温度下具有高的强度和韧性。氧化剂的系统组件，如诱导轮和叶轮，必须在低温下具有高强度性能。在评估材料时，减重始终是一个首要的考虑因素。许多 F-

1 发动机的铸铝组件通过好几个铸造厂铸造，这些工厂多年来一直为洛克达因公司工作。铸件的机械加工等制造步骤被送到洛克达因公司完成，但其他铝制部件作为成品交付。所有这些部件都要进行检查，在装配前必须通过无损测试程序。涡轮泵装配前，所有涡轮泵转子部件要么作为单独的组件进行动平衡处理，要么装配之后在旋转装置上进行旋转测试。在卡诺加园区组装后，将每个涡轮泵运往圣苏珊娜野外实验室进行热试，然后返回卡诺加园区，安装到发动机上。涡轮泵热试（和校准，如果需要的话）保证了这一关键功能组件符合发动机验收热试的要求。氧化剂顶盖、推进剂阀体和相关组件也由代工厂铸造。通常情况下，这些以粗铸或半成品状态交付洛克达因公司的组件，所有关键的精密加工步骤肯定是符合制造图纸要求的。极为重要的喷注器组件，与 F-1 发动机的常平座组件一样，全部在洛克达因公司加工。

5.5　换热器和涡轮排气集合器

　　F-1 发动机的换热器和涡轮排气集合器采用洛克达因公司自己钣金车间的高强度耐热合金钢制造而成。单个成形加工的钣金组件是精密焊接的成品部件。复杂的复合曲线，尤其是涡轮排气集合器是制造难点，必须使用专用模压机或专用钣金辊压设备精心制造。成形的零部件在放入夹具焊接之前，要做量规检查。装配的换热器和涡轮排气集合器要进行全面检查和无损测试，以检查元件的整体性。

5.6　液压管路、软管和线束

　　洛克达因公司采用对专用不锈钢合金管精确弯制成形制造刚性液压管路。液压或气动软管由专门为航空航天公司做此项目的外部供应商生产。接线或电缆线束一般由洛克达因公司制造，使用模板以保证正确的电缆和线束段长度，终端是军标级连接器。焊接后，通常将所有的连接器封装，以确保不受污染，并防止短路。安装到发动机之前，所有成品电缆组件或线束要进行检查和测试。发动机最终的装配步骤之一是装配保护盖，与其他非飞行硬件一样单独标识且通常标为红色，以协助操作人员在装配、测试和飞行之前识别待拆除的项目。

5.7 F-1 发动机生产周转流程

洛克达因公司出版了 7 本技术手册，用作介绍、操作和维护 F-1 发动机的现场支持文献。第一本即 R-3896-1，包含了单个发动机系统部件、发动机使用、在土星Ⅴ号运载火箭的 S-IC 级的安装，F-1 发动机从在洛克达因公司的 NASA 验收试验到 S-IC 级向 KSC 交付的所有信息，以及其他与 F-1 发动机相关的信息。下面是 F-1 发动机 R-3896-1 的流程原文。

第 1-135 节

下面介绍从客户在卡诺加园区的洛克达因公司验收发动机到在 KSC 的阿波罗/土星Ⅴ号运载火箭发射过程中，F-1 发动机的流程和事件。发动机正式验收后，经客户批准，装运前可进行改进或维护。发动机、喷管延伸段和零散的设备用卡车或船运到米楚德装配厂（MAF）。隔热件（TIS）用卡车运到 MAF。在 MAF，对发动机进行检查，然后分配到一个级，指定为备件或留下待分配。备用发动机和未分配的发动机按照特定条件处理，并放置储存直到其被需要。分配发动机的正常流程，包括安装零散的设备和 TIS 托架、进行修配和维护，并对外置发动机安装推力矢量控制系统。对单台发动机进行检查，安装缠绕管道和软管，将发动机安装到级上。然后用驳船将级和喷管延伸段运往密西西比测试厂（MTF）。

第 1-136 节

将级安装在 MTF 静态试验台上并检查发动机。安装喷管延伸段、从属硬件和静态测试仪。进行级的预先静态检查，接着进行静态测

图 5-9　装配好的 F-1 涡轮泵降落到一个台车上并运输到下一个发动机装配区
（洛克达因公司，文斯·惠洛克藏品）

试，以确定级的验收性能和飞行准备状况。在级成功进行静态测试后，检查发动机并对测试数据进行审查以及保护好涡轮泵。拆除喷管延伸段、从属硬件和静态测试仪器，然后将级从试验台拆除，将级和喷管延伸段用驳船运到 MAF。在 MAF 正常级的流程中，对装机发动机进行检查和清洁，然后进行静态和装运前检查（至 KSC）。在发动机清洁后，根据级的时间表，可将级存储在 MAF。级、喷管延伸段、零散设备和 TIS 用驳船运到 KSC。

第 1－137 节

在 KSC，将级竖立在垂直装配大楼（VAB）内的发射塔架（LUT），进行目视检查。安装零散的设备，并进行修配、维护。做级和发动机泄漏测试和功能测试，并最终安装完成 TIS。在准备第一级的同时，做好余下的各级、舱和飞船装入完整的阿波罗/土星 V号运载火箭的准备工作。然后将火箭和移动发射装置用履带运输车从 VAB 运到发射台，进行发射准备和执行最终检查。一切准备工作完毕，当所有系统准备就绪，阿波罗/土星 V 号运载火箭即可发射。发射后，对飞行后数据做出评估，以确定运载火箭发射过程中 S－IC发动机在指定的参数范围内工作。

第 1－138 节　现场交付前的发动机流程。

第 1－139 节　客户验收检查。

第 1－140 节

当承包商完成在卡诺加园区的发动机工作后，开始进行客户验收。客户将审阅所有文件，包括发动机日志中的组件测试记录、发动机装配记录、发动机测试记录，以及发动机验收测试记录。客户确认发动机 MD 鉴定板上的发动机配置信息与发动机日志簿中列出的客户验证信息相符。在验收所有记录和文件时，在 DD250 表格签字，由此表格构成正式的客户验收发动机的资料。

第 1－141 节　DD250 后的维护或修改。

第 1－142 节　现场交付发动机之前，如果有需要，在经客户同意后，可按照工程变更提案和发动机现场检验的请求，在洛克达因公司进行 DD250 后的维护或修配。维护或修配完成后，更新发动机日志，由用户验收发动机。

第 1－143 节　发动机运往 MAF。

第 1－144 节　发动机、喷管延伸段和宽松设备按照客户的指示用卡车或船舶运到 MAF。发动机运输的详细要求见 R－3896－9。装卸设备的详细介绍见 R－3896－3。

第 1－145 节　装运准备。

第 1－146 节　在承包商工厂所做的装运准备工作主要包括从装配和测试设备上拆除发动机，将发动机和喷管延伸段装入装运设备，并包装零散设备。发动机旋转吊索 G4050 安装在发动机上，用升降机起吊吊索，将发动机从垂直位置旋转至较低（运输）位置。发动机旋转到水平或下降位置期间，用氮气吹除氧化剂泵座。然后将发动机固定在处于较低位置的发动机装卸装置 G4044 后移除吊索。如果发动机是由越野卡车运输，涡轮泵要安装轴预紧夹具。然后检查是否安装推力室喉部安全堵盖 G4089，干燥剂是否固定正确，湿度范围是否可接受，开口是否有合适的堵盖，万向轴承是否有轴承罩 G4059。机架和发动机机盖 G4047 安装在发动机上，必要的表格密封在安全袋内。使用简易起重机和发动机装载机吊索 G4052，将喷管延伸段安装到喷管延伸段装卸夹具 G4080，将加载的喷管延伸段安装到装卸适配器 G4081。因为点火装置的运输要遵循航运法规，发动机自燃药盒和烟火点火器不随发动机运输。

第 1－147 节　卡车运输。

第 1－148 节　卡车用于发动机、喷管延伸段和零散设备在全国或在码头之间的运输。采用简易起重机和发动机装载机吊索 G4052，将安装在装载机上的发动机和喷管延伸段装载并固定在平板、有气垫设备的平板挂车上。零散设备用盒子包装，由叉车装载、固定。对于越野运输，在装载机上装有经过校准的冲击记录仪。卡车运输清单起向导的作用，证明卡车出发前和在越野运输时履行了指定的程序。

第 1－149 节　船舶运输。

第 1-150 节　用卡车将发动机、喷管延伸段和零散设备运至船舶。将低平板挂车定位在船的甲板上。使用移动式起重机、发动机装载机吊绳 G4052 和拖拉机，将安装在装载机上的发动机从挂车中移出，放置在货物的甲板上，然后向前移动和固定。喷管延伸段和零散设备用移动式起重机或铲车从挂车移出，固定到货物甲板。水运清单起向导的作用，证明船舶在出发前、运输时和入船坞后都履行了指定程序。

第 1-151 节　在 MAF 接收发动机。

第 1-152 节　级的承包商接收发动机并对发动机在 MAF 的流程负责。卡车和船舶运输发动机的详细接收要求见 R-3896-9。发动机搬运设备使用要求详情见 R-3896-3。

第 1-153 节　卡车运输的接收。

第 1-154 节　发动机、喷管延伸段和零散设备用越野卡车或卡车从 MAF 码头运抵制造大楼，目视检查是否在运输过程中受损。若使用越野卡车运抵 MAF，则到达日期和时间记录在冲击记录仪图表中。使用起重机、发动机装载机吊绳 G4052，将安装在装载机上的发动机和喷管延伸段从挂车移到地板上。零散设备的移出应使用叉车。按照惯例，喷管延伸段放至喷管延伸段存储区域，零散设备放至发动机支持硬件中心。发动机放至发动机区或保税仓储区（如果未指定），卸除冲击记录仪和涡轮泵预紧夹具（如果安装的话），将预紧夹具返回卡诺加园区。

第 1-155 节　船舶运输的接收。

第 1-156 节　当船舶到达 MAF 码头时，将拖船、移动式起重机和低平板挂车定位在船舶的货物甲板上，准备进行卸货作业。使用发动机装载机吊绳 G4052 和移动式起重机，将发动机和喷管延伸段卸载并固定在低平板挂车上。零散设备使用叉车装到挂车上。将挂车移到制造大楼，目视检查发动机、喷管延伸段和零散设备是否在运输过程中受损。发动机接收程序按照第 1-153 节中的描述进行。

图 5-10　F-1 发动机涡轮泵的最后阶段，将涡轮泵安装在发动机
推力室的上侧面。换热器连接涡轮泵底部的涡轮和涡轮排气集合器
（洛克达因公司，文斯·惠洛克藏品）

第 1-157 节　未配套发动机在 MAF 的流程。

第 1-158 节　未配套发动机在 MAF 的流程涉及未配套发动机
和备用发动机。在制造大楼接收后，要检查未配套发动机是否在运
输过程中发生损坏，转移到专用的仓储区再检查并存储，直到按计
划进行修改或分配到一个级。对备用发动机进行装配和单台发动机
检查，转移到专用的仓储区后存储在待机状态下，以备发动机更换

之需。存储半年以上的发动机都要进行单台检查。在 MAF 的流程中若发现有任何差异，应由发动机承包商工作人员进行不定期的维护和修理或更换发动机有缺陷的硬件。按惯例，从发动机上拆下的有缺陷的硬件要运抵 CM&R（部件维修）区域，在那里进行维修和测试。

第 1-159 节　存储接收检查。

第 1-160 节　在专用的仓储区对未配套的发动机做目视检查。拆除发动机机盖，检查发动机是否有损伤、腐蚀，外表面是否有残余流体、液压控制系统的外表面是否浸湿。确认发动机的指定区域都涂有防腐剂，若湿度指示剂显示为蓝色，则管路标记是正确的。涡轮泵的保存状况登记在发动机日志中，如果需要的话可对涡轮泵进行维修。重新安装发动机机盖。发动机存储的详细检查要求见 R-3896-11。

第 1-161 节　发动机在 MAF 的流程。

第 1-162 节　在发动机区域接收卸载的发动机时，首先从航空运输发动机装载机 G4044 中拆卸发动机并旋转至垂直位置，再使用发动机旋转吊索 G4050 和起重机放置到发动机搬运台车 G4058。然后移到一个工作台，在那里进行接收检查，完成发动机装配。发动机装配后，放入试验台做单机检测，并安装环绕式管路。然后将发动机从试验台卸载，旋转至水平位置，安装到发动机装载机 G4069。在发动机旋转至水平位置期间，用氮气吹除氧化剂泵密封件，持续至少 30 分钟。将发动机移至级水平总装区，做安装前的准备工作，将发动机安装到级上，准备做运送至 MTF 之前的检查。发动机在 MAF 的流程中，需要的话可做修配。如果发现有缺陷，由发动机承包商工作人员进行不定期的维护、修理或更换发动机硬件。按照惯例，从发动机上拆下的有缺陷的硬件要运到 CM&R 区进行维修和测试。发动机处理设备的详细使用要求见 R-3896-3。

第 1-163 节　接收检查。

第 1-164 节　在制造大楼发动机区的单台发动机工作台安装之

后，要对每台已配套的发动机进行全面的目视接收检查。目视检查发动机是否有损伤、腐蚀和漏装；检查在排泄管出口或发动机外部是否有流体的迹象；检查液压控制系统外部的表面是否润湿。确认在指定区域有防腐蚀和铝箔胶带，确认标线是正确的，湿度指示器指示蓝色且在涡轮泵的外壳空腔填料没有空隙。燃料的箭外排泄管安装有一个干净的聚乙烯袋，涡轮泵预紧夹具被拆除，孔口尺寸和系列化组件均按照发动机日志列出的条目检查。在 MAF 接收发动机的详细检查要求见 R-3896-11。

第 1-165 节　发动机装配、修配和维护。

第 1-166 节　零散设备的安装。

不妨碍单台发动机检查的零散设备，可在发动机装配期间安装。电缆支柱只能安装在配套给外侧位置的发动机。所有发动机都在面板到氧化剂接口入口处安装绝缘密封件。此时不安装外围管道和软管。

第 1-167 节　绝热支架的安装。

在安装到发动机之前，现场安装的绝热支架通常存储在 MAF。除了与发动机操作托架连接的支架外，其余支架均安装。发动机操作托架是一个连接点，用于将发动机固定到发动机装载机 G4069 上。因此，在发动机安装在级上之后，才安装这些支架。安装绝热支架的要求见 R-3896-6。

第 1-168 节　修配和维护。

可能的话，修配和维护任务可在发动机装配期间进行。因工程更改建议（ECPs）和实施发动机现场检验要求（EFIRs），发动机的修配、专项检查纳入改装套件。需要的话，发动机要进行涉及元件拆卸和更换或拆装涡轮泵等维修。燃料箭外排泄系统隔离和发动机准备安装的详细要求见 R-3896-11。

第 1-169 节　推力向量控制系统的安装。

推力向量控制系统由级承包商负责安装到发动机上。该系统由两个常平座作动器、液压供应和回流管路以及一个液压滤清器集液腔组成。

第 1-170 节　单台发动机的检查。

第 1-171 节　单台发动机的检查在接收检查和发动机组装任务完成后进行。发动机安装在测试台上，在测试台上断开点火监控阀测试管，卸掉推力室喉部安全盖 G4089，并安装推力室喉塞 G3136。在发动机和发动机检查控制台 G3142 之间进行所有连接；接通控制台电气、气动和液压源，控制台做好准备。电气系统功能和时序测试、涡轮泵扭矩测试、压力测试、阀门时序测试以及泄漏和功能测试均按照 R-3896-11 的详细要求进行。发动机检查完成后，连接点火监控阀传感管，取下推力室喉塞 G3136，安装推力室喉部安全盖 G4089。

第 1-172 节　缠绕管和软管的安装。

第 1-173 节　单台发动机检查后，将缠绕管和软管安装在试验台的发动机上。将氦气、氧气和液压缠绕管以及吹除和预冷软管安装并连接至发动机测试法兰上。使用定位工具 T-5041233 对管道和软管进行定位，并用支撑组件 T-5046440 支撑，防止其发生移动，直至在级上安装完发动机并完成接口连接，然后从测试台上卸下发动机。缠绕管和软管安装和对齐的详细要求见 R-3896-3。

第 1-174 节　在 MAF 进行的发动机安装。

第 1-175 节　发动机安装准备。

将发动机旋转至水平位置，用发动机旋转吊索 G4050 和起重机将发动机安装在装卸机 G4069 上。在发动机旋转至水平位置时对氧化剂泵密封件进行吹除，最少持续 30 分钟。卸下接口保护面板，再卸下氧化剂和燃料入口盖，检查入口是否受到污染，检查氧化剂入口筛网和密封件是否固定在适当位置，并在入口覆盖聚三氟乙烯膜。使用干净的聚乙烯袋隔离燃料箭外排放系统。拆除常平座防尘罩，确认已安装常平座轴承锁，电缆支撑柱已安装在发动机上，发动机常平座环绕线已安装并得到充分支撑。准备在级上安装时，将发动机移动至级水平总装区，放置在移动式起重机下。拆除推力室喉部安全堵盖 G4089，检查推力室。发动机水平安装工具悬挂在移动式起吊机上，为发动机安装做好准备，然后安装推力室。之后，将发动机从发动机装卸机 G4069 上拆下，升高并旋转至发动机安装所需的位置。燃料箭外排放系统隔离和发动机安装准备的详细要求见 R-3896-11。

第 1-176 节　发动机安装。

当发动机安装准备完成且在级上正确定位后，将发动机万向轴承安装并固定到级的连接点。在外侧发动机，将常平座作动器固定到级附着点，而内侧发动机将刚性臂固定到作动器锁。拆除万向节轴承锁扣，将万向节轴承重新安装到指定的区域。发动机在级上固定后，从推力室拆除发动机水平安装工具。然后安装推力室喉部安全堵盖 G4089。拆除发动机氧化剂和燃料入口的 Aclar 膜，安装燃料入口密封件和滤网，将级导管安装连接到发动机进口。将接口的电气连接器和级压力开关检测电源线连接到接口盖板，外围管道和软管连接到级上。与发动机操作托架连接的绝热支架的安装见 R-3896-6。发动机安装的详细要求见 R-3896-11。

第 1-177 节　制造安装验证。

当发动机装置和级组装完成后，级承包商要进行制造安装验证。验证包括发动机接口连接点和级系统的氮气渗漏试验。

第 1-178 节　运往 MTF 之前装机发动机的检查。

第 1-179 节　级的装配和验证测试完成后，可进行运往 MTF 之前的装机发动机检查。目视检查每台发动机是否有损伤、腐蚀和漏装；检查在排泄管出口或发动机外部是否有流体迹象；检查液压控制系统外部的表面是否润湿。确认在指定区域有防腐蚀和铝箔胶带，确认标线是正确的，推力室喉部安全堵盖的湿度指示器指示蓝色且在涡轮泵的外壳空腔填料没有空隙。目视检查流体燃料箭外排泄系统的隔离聚乙烯袋。如果有流体，应清空袋子并测量流体量。在发动机日志中记录涡轮泵的保存状态，在需要的情况下维修涡轮泵。运往 MTF 之前，更新发动机日志，装机发动机检查的详情见 R-3896-11。

图 5－11　万向轴承组件用螺栓固定在液氧球形组件的顶部

（洛克达因公司，哈罗斯·C. 霍尔藏品）

第 1－180 节　级运抵 MTF。

第 1－181 节　装机发动机检查完成后，应安装前部的级保护盖和发动机保护盖，将工作台和平台撤离发动机，拖拉机连接到级运输车上，将级拖至 MAF 码头并将其装入驳船后固定。喷管延伸段装入低平板桂车，拖往 MAF 码头，用移动式吊车装入驳船并固定，然后将驳船拖至 MAF。

第 1-182 节　MTF 级的流程。

第 1-183 节　在 MTF 接收级，并安装在试验台上。去掉发动机保护盖，进行接收检查。安装喷管延伸段、从属硬件（通常存储在 MTF）和 MTF 的静态测试仪器，做预先静态检查。绝热件不需要进行静态检查，因此未安装。发动机在 MTF 的流程期间，在需要的情况下进行维护和修改。预热试验准备工作完成后，进行静态试验。静态试验后检查发动机，卸掉测试仪器、从属硬件和喷管延伸段，进行装运前预检验；从试验台拆卸级和喷管延伸段，装上驳船运回 MAF。

第 1-184 节　级在试验台的安装。

第 1-185 节　级运抵 MTF 后，驳船停靠在靠近试验台的码头。

图 5-12　20 世纪 60 年代中期洛克达因公司建立的火箭发动机新装配大楼（包括 F-1 发动机垂直装配区）（洛克达因公司，哈罗德·C. 霍尔藏品）

将试验台桥式起重机连接到级的前端和后端，将级吊离转运驳船，旋转到垂直位置，并定位在试验台上。在向垂直位置转动的过程中，要监测推力室和排气集液腔是否有燃料泄漏。用机械压具将级固定在试验台上。固定级/设施推进剂、液压、气动和电气连接件，拆卸发动机罩和发动机的氧化剂和燃料入口滤网。

第 1-186 节　发动机接收检查。

第 1-187 节　级安装到试验台后，要对发动机进行一个整体的视觉接收检查。目视检查每台发动机是否有损伤、腐蚀和漏装；检查排泄管出口是否有流体的迹象。确认在指定区域有防腐蚀和铝箔胶带，确认发动机非耐用品的安装寿命在指定范围，且在涡轮泵的外壳空腔填料没有空隙。目视检查流体燃料箭外排泄系统的隔离聚乙烯袋，如果有流体，清空袋子并测量流体量。按照发动机日志条目检查发动机孔径尺寸和系列化组件。装机发动机在 MTF 的接收检查详情要求见 R-3896-11。

第 1-188 节　喷管延伸段、从属硬件的安装和 MTF 的静态测试仪器。

第 1-189 节　级安装到试验台上并进行接收检查后，安装喷管延伸段、从属硬件和 MTF 的静态测试仪器。使用发动机起重吊带 G4052 和桥式起重机，将喷管延伸段、喷管延伸段处理夹具 G4080 和处理适配器 G4081 吊离驳船，并放置在下架工作平台的发动机垂直支架 G4049 上。将装有喷管延伸段的安装支架放置在发动机下方的位置，然后将喷管延伸段安装在发动机上。拆卸箭外燃料排泄系统及燃料、氧化剂和氮气箭外排泄管路上的聚乙烯袋。然后安装和连接副点火线束和 MTF 静态测试仪器。喷管延伸段的详细操作要求见 R-3896-11。

第 1-190 节　级的预先静态试验。

第 1-191 节　级的预先静态试验针对所有的发动机和级系统。直接进行预先静态试验，拆除推力室喉部安全堵盖 G4089，安装推力室喉塞 G3136。试验包括电气、液压、气动泄漏和功能试验。模拟静态试验，包括模拟级的准备、发动机起动、点火、主级和关机测序，以验证静态试验级的可接受性。级的预先静态试验的详细要求见 R-3896-11。

第 1-192 节　静态试验。

第 1-193 节　当所有必需的程序检查、修配和维护完成后，拔掉推力室喉塞 G3136，安装、检查自燃药盒和烟火点火器，清洁测试区域，准备静态试验。对级进行一个 125 秒的不间断静态试验，检查实际倒计时、发射、飞行过程中工作的所有电气电子、推进、机械、增压、推进剂、控制系统的功能。对静态试验的测量数据做记录和处理，以确定级的可接受性和飞行准备状况。级的发动机起动为一个 1-2-2 时序：中心发动机首先启动，其他两组外侧发动机相对启动，每组两台。发动机关机为 3-2 时序：中央发动机和两个相对的外侧发动机首先关机，然后剩下的两台外侧发动机关机。

第 1-194 节　静态试验后的发动机的检测。

第 1-195 节　静态试验完成后，目视检查发动机和喷管延伸段，确认在测试过程中没有发生损害。详细的检查要求见 R-3896-1，包括检查外部是否有损坏、推力室排气集合器和推力室管之间是否漏装铝带，内部的推力室管和喷注器是否有损坏，喷注器有无污染，液体是否泄漏。其他检查包括张力拉杆是否变形，是否有弯曲或折断的螺栓，法兰区周围喷管延伸段是否有积炭，内部是否有损坏和腐蚀。

第 1-196 节　静态测试数据评审。

第 1-197 节　静态测试完成后做静态测试数据评审，以确定发动机在规定的范围内工作。对测试仪器仪表的读数进行检查，查明是否有异常、突变、振荡或性能接近最低或最高极限值。

第 1-198 节　涡轮泵储存。

第 1-199 节　静态试验后将涡轮泵保存 72 小时。通过涡轮泵的第 3 号轴承排泄管排空流体，用氮气吹除涡轮泵轴承。缓慢旋转涡轮泵，给轴承加 5 加仑防护油。然后通过 3 号轴承排泄管排空流体，再用氮气吹除涡轮泵轴承。保存日期记录在发动机日志中。

第 1-200 节　　喷管延伸段、从属硬件和 MTF 静态测试仪器的拆除。

第 1-201 节　　将发动机垂直支架 G4049 定位在喷管延伸段下方，从发动机上拆下喷管延伸段，并降低至垂直支架。用发动机装卸吊索 G4052 和桥式起重机，将喷管延伸段吊离垂直支架，放至操作夹具 G4080，再安装到操作适配器 G4081。拆除从属硬件（包括燃料箭外排泄管和点火器线束），根据需要进行清洗、测试、维修或更换，以备下一次静态试验时使用。燃油箭外排泄系统用干净的聚乙烯袋隔离。拆除一次性使用点火器和自燃药盒。断开、拆除 MTF 静态测试仪器，立即插入仪器端口塞，详细要求见 R-5266-391。安装推力室喉部安全堵盖 G4089。详细的拆除要求见 R-3896-11。喷管延伸段的详细操作要求见 R-3896-9。

第 1-202 节　　级运往 MAF 之前要进行装机发动机检查。

第 1-203 节　　所有静态测试任务完成后，在级运往 MAF 之前，要对发动机做检查。目视检查每台发动机是否有损伤、腐蚀和漏装；检查在排泄管出口或发动机外部是否有流体的迹象；检查液压控制系统外部表面是否润湿。确认在指定区域有防腐蚀和铝箔胶带，确认标线是正确的，确认推力室喉部安全堵盖的湿度指示器指示为蓝色，以及在涡轮泵的外壳空腔填料没有空隙。目视检查流体燃料箭外排泄系统的隔离聚乙烯袋，如果有流体，则清空袋子并测量流体量。目视检查完毕后，全部发动机安装保护盖。确认推力室喉部安全堵盖的湿度指示器指示为蓝色。详细检查要求见 R-3896-11。

第 1-204 节　　从试验台拆卸级。

第 1-205 节　　发动机目视检查完成后，准备将发动机和级从试验台拆除。安装发动机和级保护盖；切断级/设备的推进剂、液压、气动和电气连接，拆除机械压紧件。试验台桥式起重机连接到级的前端和后端，将级从试验台吊起，旋转至水平位置，安装到驳船上的级装卸机。在发动机旋转到水平位置期间，吹除氧化剂泵密封件并持续 30 分钟（最少）。用桥式起重机拆除安装在喷管延伸段装卸

图 5-13　在最后的装配阶段检查 F-1 发动机隔热件，然后装运到 NASA（照片摄于 1966 年 11 月 4 日，洛克达因公司，哈罗德·C. 霍尔藏品）

夹具 G4080 和装卸适配器 G4081 上的喷管延伸段，重新装上驳船。将级运输车和喷管延伸段固定在驳船装运。运往 MAF 之前更新发动机日志。

第 1-206 节　级运往 MAF。

第 1-207 节　将装有级和喷管延伸段的驳船，用拖船从 MTF 运往 MAF。抵达 MAF 码头后，将级运输车连接到一台拖拉机上，从驳船将级拖出，拉到级检测大楼。用移动式起重机将喷管延伸段装入低平板挂车，从驳船拖入喷管延伸段存储区。

第 1-208 节　MAF 级的流程。

第 1-209 节　将级定位在 MAF 的级检验大楼，安装工作台和平台，方便检测期间进出。发动机要经过接收检查、整修、静态后检验和装运前预检验。翻新之后，可能要存放一段时间，如果是这样，在静态检测之后，级准备存储一定时间。

第 1－210 节　　发动机接收检查。

第 1－211 节　　将级在级检测大楼定位之后，要对发动机进行全面的目视接收检查。目视检查每台发动机是否有损伤、腐蚀和漏装；检查在排泄管出口是否有流体的迹象。确认在指定区域有防腐蚀和铝箔胶带，确定在涡轮泵的外壳空腔填料没有空隙。目视检查燃料箱外排泄系统隔离聚乙烯袋是否有流体，若有流体，则清空聚乙烯袋并测量流量。发动机孔径尺寸和系列化组件均按照发动机日志列出的条目检查。确认推力室喉部安全堵盖的湿度指示器指示为蓝色。装机发动机在 MAF 接收的详细检查要求见 R－3896－11。

第 1－212 节　　发动机整修。

第 1－213 节　　发动机在接收检查后要进行整修。首先除掉发动机上因暴露在下雨、潮湿和沙尘环境中可能导致的异物和腐蚀。按照 R－3896－6 的要求安装氧化剂顶盖绝缘体。按照 R－3896－11 的要求安装、测试和连接飞行点火线束。ECPs 和 EFIRs 要求的大修或改装，在翻新期间进行。

第 1－214 节　　级的储存。

第 1－215 节　　整修完成后，按计划储存装机发动机。级的储存期由土星Ⅴ号运载火箭的时间表决定。级储存期超过 6 个月时，则不再储存，要对发动机做静态后检验。目视检查装机发动机是否有损坏、腐蚀、漏装设备。确认氧化剂管路和氮气吹除箭外排泄管路无液体。确认在指定的区域有防腐剂和铝箔胶带，安装了常平座保护罩，在涡轮泵外壳空腔填料没有空隙，燃料箭外排泄系统隔离聚乙烯袋中没有流体，如果有流体，则清空袋子并测量流体量。在发动机日志中登记涡轮泵保存状态，并根据需要维修涡轮泵。在推力室喉部安全堵盖装上干燥剂并安装堵盖。湿度指示器应指示蓝色。锁定发动机-级的常平座作动器，防止发动机移动。级要储存在一个环境可控制的区域。储存期间要定期检查发动机。装机发动机储存的详细检查要求见 R－3896－11。

图 5-14　1968 年 12 月机电检查之前的 2088 号 F-1 发动机

（洛克达因公司，哈罗德·C. 霍尔藏品）

第 1-216 节　静态后检验。

第 1-217 节　翻新任务完成后，在级结束储存期以前未做静态后检验，或者级的储存期已经超过 6 个月时，进行静态后检验。静态后检验包括对装机发动机和级系统的完整电气、液压、气动泄漏测试和功能测试。静态后检验模拟一次发射试验，包括级的准备、发动机启动、点火、主级、起飞、飞行和关机（按规定顺序），确保发动机和级的飞行准备就绪。静态后检验包括飞行仪表功能测试、涡轮泵扭矩测试和加热器功能测试，轴承冷却控制阀的导程和功能测试，自燃点火剂集液腔、推力-OK 压力开关的功能测试，推力室预冷管路测试，点火控制阀测试，氧化剂顶盖和燃气发生器氧化剂喷注器吹除系统测试，防护层吹除系统和液压系统测试。分别对推力室、换热器核系统和氧化剂系统、推进剂燃料和氧化剂系统、排气系统进行泄漏测试，还要进行阀门正时功能测试。对装机发动机进行测试的详细要求见 R-3896-11。

第 1-218 节　运往 KSC 之前对装机发动机的检查。

第 1-219 节　装机发动机在完成静态检查、发动机日志审查、检验合格后方可运往 KSC。目视检查每台发动机是否有损坏、腐蚀、漏装设备。确认排泄管路出口和发动机外部无液体，确认液压控制系统外部是否有湿润表面。确认在指定的区域有防腐剂和铝箔胶带，确认管线标示正确，推力室喉部安全堵盖的湿度指示器指示为蓝色。确认在涡轮泵外壳空腔填料没有空隙。确认燃料箱外排泄系统隔离聚乙烯袋中无流体，如果有流体，则清空袋子并测量流体量。在发动机日志中登记涡轮泵保存状态，可根据需要维修涡轮泵。装机发动机运往 KSC 之前应更新发动机日志。装机发动机运往 KSC 之前的详细检查要求见 R-3896-11。

第 1-220 节　级运往 KSC。

第 1-221 节　发动机装运前的目视检查完成后，安装级的前、后部防护盖，拆除工作台和平台，将级从级检测大楼拖至 MAF 码头，用驳船运往 KSC。将喷管延伸段、松散设备和隔热件装入低平板挂车运往 MAF 码头，从挂车移出，装上驳船并固定。喷管延伸段和松散设备的操作要求见 R-3896-9。喷管延伸段、松散设备和隔热件箱装入并固定好之后，将级装上驳船并固定，然后用拖船拖往 KSC。

第1-222节　KSC 级的流程。

第1-223节　驳船到达 KSC 码头后，卸载喷管延伸段、松散设备和隔热件箱。将级从码头拖向垂直装配大楼（VAB）。喷管延伸段、松散设备和隔热件箱装上低平板挂车运往 VAB。将级从级运输车卸货，架设到发射脐带塔（LUT），在 LUT 对发动机进行视觉接收检验，松散设备的安装、改造和维修，级和发动机泄漏测试和功能测试，并完成隔热装置的安装。这些任务与土星 V 号运载火箭的组装和测试同时进行。在级的流程期间发动机工作完成，可更新发动机日志。

第1-224节　将级安装到 LUT。

第1-225节　在 VAB 的低装配间接收级。拆除前、后部的级防护盖，准备将级和发动机旋转安装到 LUT。将发动机服务平台（ESP）和 LUT 移动到高装配间。将运输车上的级从转运通道移至装配间，将级从运输车卸货，用桥式起重机旋转到垂直位置，然后用高装配件起重机移动级并使其竖立在 LUT，然后用四个机械压紧件固定。ESP 和 LUT 水平平台围在发动机周围，进行接收检查。

第1-226节　发动机接收检查。

第1-227节　级安装到 LUT，拆除保护盖后，对发动机进行全面的视觉接收检查。确认发动机在运输途中未发生损坏，确认货运清单上所列的所有设备均已收到。检查每台发动机是否有损伤、腐蚀和漏装；检查在排泄管出口和发动机外部是否有流体，检查液压控制系统外部表面是否润湿。确认在指定区域有防腐蚀和铝箔胶带，确认发动机非耐用品的安装寿命在指定范围，确认在涡轮泵的外壳空腔填料没有空隙，确认支腿臂表面油漆无划痕。目视检查流体燃料箭外排泄系统是否有隔离聚乙烯袋，如果有流体，则清空袋子并测量流体量。按照发动机日志条目检查发动机孔径尺寸和系列化组件，目视检查完毕后安装氧化剂和燃料的高压管道安全堵盖和推力室安全堵盖。装机发动机在 KSC 的详情接收检查要求见 R-3896-11。

第 1-228 节　零散设备的安装。

第 1-229 节　发动机接收检查完成后，安装发动机零散设备，包括喷管延伸段、氧化剂箭外排泄管路、燃料箭外排泄管路、氮气吹箭外排泄管路和燃料入口弯头接口保护罩。使用发动机装载机吊索 G4052 和桥式起重机，将喷管延伸段从喷管延伸段装卸夹具 G4080 和装卸适配器 G4081 中拆除，并放置在喷管延伸段支座。五个喷管延伸段和喷管延伸段支座按照各自在发动机中的位置放置在发动机工作台上。然后发动机工作台通过 LUT 的开口离开地面上升，直至喷管延伸段法兰在推力室出口法兰下方大约 5 英寸为止。做最后调整，用单独的喷管延伸段支座将喷管延伸段法兰装配到推力室出口法兰。喷管延伸段被固定到发动机之后，安装并固定箭外排泄管路。按照 R-3896-11 的要求安装零散设备。喷管延伸段的详细操作要求见 R-3896-9。按照承包商的要求安装级尾翼和发动机罩。

第 1-230 节　修配和维护。

第 1-231 节　在 KSC 整个级的流程中，可对发动机做修改和专项检查，如需要，可进行维修。修改专项检查根据批准的 ECPs 或 EFIRs 行动进行，并遵守客户、级承包商和发动机承包商之间的联合协议。需要的话，可根据在接收检查或发动机引线测试及功能测试中发现的异常硬件，做发动机维护。

第 1-232 节　级的功能试验。

第 1-233 节　级在安装到 LUT 后开始进行功能试验。电气试验、液压试验、气动导线试验和功能试验与火箭装配同时进行。级的功能试验包括飞行仪表功能试验，涡轮泵扭矩试验和加热器功能试验，发动机序列验证试验，轴承冷却系统的泄漏和功能试验，自燃火箭燃料集液腔和推力-OK 压力开关的功能试验，推力室预冷管

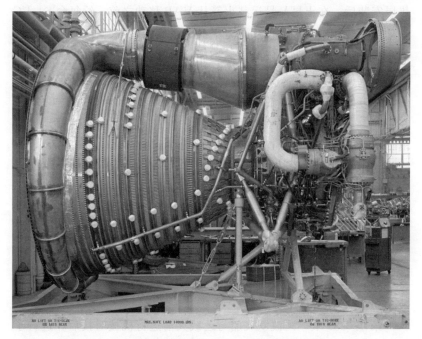

图 5－15　防护盖被放置在用于固定隔热层的螺纹附件的上方

（洛克达因公司，NASA）

路试验，点火控制阀试验，氧化剂顶盖和燃气发生器氧化剂喷注器吹除系统试验，氧化剂泵密封件吹除系统试验，防护层吹除系统和液压系统试验。推力室、换热器氦系统和氧化剂系统试验，推进剂燃料和氧化剂系统试验，排气系统的泄漏试验，还要进行阀门响应特性试验。按照 R－3896－11 的要求对装机发动机进行试验。

第 1－234 节　隔热层。

第 1－235 节　发动机泄漏和功能测试完成后，安装隔热层（TIS）。安装的隔热层可完全包覆发动机，以防护发动机组在飞行过程中由羽流辐射和回流产生的极端温度。为了允许接近并验证发动机部件和系统的完整性，防止流体泄漏可能造成的绝缘体损坏，发动机测试完成后才安装隔热层。隔热层安装顺序和方法见 R－3896－6。隔热层安装后，在土星Ⅴ号运载火箭从 VAB 移动之前，给每台 S-ⅠC 发动机安装环境罩，覆盖从推力室喉部区域到喷管延伸段的出口端，以防护恶劣天气对隔热层的损坏。环境罩缠绕推力室和喷管延伸段，这样放置使发动机箭外排泄管路通过环境罩的通孔露出。进入襟翼，四个地方的布置则便于检修排泄端口和点火器。罩子的重叠边缘贴在一起，多余部分围拢在推力室喉部并捆扎。罩子紧贴喷管延伸段出口端。安装环境罩的详细要求见 R-3896-11。

第 1-236 节　土星Ⅴ号运载火箭在 KSC 的流程。

第 1-237 节　S-ⅠC 在接收并竖立在 VAB 的过程中，在 VAB 接收 S-Ⅱ、S-ⅣB 和仪器组件，并将其放置在检验间，在检验间接受完整的竖起前检查。S-ⅠC 竖起后，土星Ⅴ号运载火箭装配开始，同时进行 S-ⅠC 测试。翅片、整流罩和喷管延伸段安装后，S-ⅠC 装配即完成。

第 1-238 节　火箭测试。

第 1-239 节　阿波罗飞船与运载火箭进行机械对接后，进行了预通电测试。当确定所有飞行和地面系统都满意时，对航天器施加全功率。然后，航天器与运载火箭进行电气对接，并进行组合系统测试，组合系统测试包括倒计时模拟和飞行与地面系统模拟。在最后的组合系统测试阶段，安装发射逃逸系统。当组合系统测试完成后，将对测试数据进行审查，如果数据可以接受，土星Ⅴ号运载火箭将准备好转运至发射台。

第 1-240 节　土星Ⅴ号运载火箭向发射台转运。

第 1-241 节　阿波罗/土星Ⅴ号运载火箭由履带式运输车从 VAB 转运至发射台。

第 1-242 节　发射准备和测试。

第 1-243 节　阿波罗/土星Ⅴ号运载火箭的所有电气和气动线路通过移动发射架底部终端重新连接，确认推进剂管路正确，确认运载火箭离开 VAB 后没有发生任何变化后，对火箭进行通信连接测试。同时对诸如关机中止装置、射频、贮箱增压和运载火箭级推进剂利用等系统进行测量。进行飞行准备试验（FRT）、备用制导系统试验和 S-IC 燃料夹套/氧化剂罩的冲洗和吹除。航天器贮箱加注自燃推进剂，运载火箭贮箱加注 RP-1 燃料，然后进行倒计时演练（CDDT）。在倒计时的最后几个小时，向运载火箭加注液氧和液氢。

第 1-244 节　土星 V 号运载火箭。

第 1-245 节　本段中的数据仅用于描述典型的运载火箭发射，并不代表实际发射数据。S-IC 级发动机和运载火箭的准备工作完成后，S-IC 发动机点火，释放所有压紧臂，运载火箭准备升空。运载火箭将从发射台垂直上升约 450 英尺，在起飞过程中，将执行偏航机动，以在不利的风力条件或偏离标称飞行的情况下提供塔间隙。随后进行倾斜和滚转机动，以便从选定的飞行方位获得飞行姿态和正确方位。2 分 5.6 秒后当运载火箭加速度限制在标称 3.98 g 载荷时，S-IC 中央发动机关机。2 分 31 秒后，S-IC 箭外发动机关机。随后 S-IC 发动机关机，S-IC/S-II 级分离，S-IC 与飞行的火箭分离。S-IC 发动机关机与 S-II 发动机达到 90% 的工作推力水平之间的时间间隔为 4.4 秒，之后 S-II 发动机按程序烧毁，S-II/S-IVB 级分离，S-IVB 发动机将飞行器送入地球驻留轨道。

第 1-246 节　飞行后的数据评估。

第 1-247 节　对飞行后的数据进行评估，目的是确定在运载火箭发射过程中，S-IC 发动机的工作参数是否在指定范围内。检查发动机是否有异常、突变、振荡或性能参数接近最小或最大极限。然后将发动机性能参数与预估参数比较，以确定是否满足发动机的所有目标。

第 1-248 节　临时维修流程。

第 1-249 节　除了正常的发动机和硬件处理，临时维修操作包括修复损坏的、更换不符的组件或硬件，进行修改和 EFIRs，除污并重新保存，修复绝热或纠正不理想的条件。在发动机正常流程中，临时维修任务在指定时间和指定地点完成。临时维修地点可以是洛克达因公司、MAF、MTF 或者 KSC，这取决于任务的范围、紧迫

图 5-16　1962 年 5 月 3 日在泄漏和功能检查中使用了 F-1 007 号发动机。
注意涡轮排气集合器的配置（洛克达因公司，弗兰克·斯图尔特藏品）

性、场所的功能和对节点的影响程度。完整的组件维护、维修、测试场所在 MAF 的 CM&R 室。对组件的有限维修可在客户的指导下在 MAF、MTF 和 KSC 的发动机上进行。支持野外发动机和部件维修所需的必要的硬件，保存在 MAF。

第 1-250 节　发动机临时维修服务。

第 1-251 节　发动机临时维修和服务包括各类维修和服务任务，纠正可能存在的任何差异，进行专项检查和更新发动机配置。各种维修和服务任务可能包括以下项目：推力室管束的钎焊和焊接维修，部件拆除和更换，受污染区域的清洁、去蚀，表面粗糙度受损修复、更改，EFIRs，后期维护测试，润滑，保存和更换干燥剂。

第 1-252 节　部件维修。

第 1-253 节　来自 MAF、MTF 或 KSC 的需要卸载的、需要进行修理、改进、分析或测试的未装机发动机部件，可在 MAF 的环境控制 CM&R 室处理。在 CM&R 室，修复不符合要求的组件，对其进行改进、故障分析、检查、进行循环测试或预安装测试。在 CM&R 室处理后，发动机组件需要定点安装在发动机上，作为备份返回发动机硬件支持中心、返回制造商、视为盈余或报废。组件维护和修理的详细程序见 R-3896-3。

第 1-254 节　支持硬件。

第 1-255 节　支持 MAF、MTF 和 KSC 的活动所需的发动机硬件保存在 MAF 的发动机硬件支持中心。MAF 是主要的硬件供应中心，因为大部分发动机和部件的活动都在此进行。MTF 和 KSC 只保存有限的库存硬件，确保在这些位置上经常使用的这些硬件具有即时可用性。当 MTF 和 KSC 急需，而当地又没有所需的硬件时，就直接从 MAF 或者洛克达因公司加急调拨。

第6章　MSFC、波音公司和S-ⅠC级

土星Ⅴ号运载火箭F-1发动机和第一级S-ⅠC的成功研制，主要归功于有效的项目管理。阿波罗计划作为一个整体，也许是20世纪美国最复杂的工程项目。因此，它需要在NASA及其诸多承包商内各个层面进行有效管理和良好沟通。F-1发动机项目在研发的最初几年由空军负责启动和管理，后来在1958年移交至NASA，以后该项目以及S-ⅠC（将搭载F-1发动机）研发项目，都由阿拉巴马州亨茨维尔的MSFC管理。虽然沃纳·冯·布劳恩博士当时是设在亨茨维尔红石兵工厂的ABMA发展业务部主任，但在ABMA发起导弹或火箭计划后，这些都归国防部管理。随着MSFC的创建，这种管理架构就成为新的民用运载火箭计划管理的基础。正如冯·布劳恩在1962年写道：

MSFC的核心是ABMA发展业务部。发展业务部是一个纯粹的技术组织，我们完全依靠军队组织进行管理和技术服务。当它转到NASA，我们不得不增加行政和技术服务人员，形成一个自我维持的组织。我们没有发工资的财务处，没有聘请文员的人事科，没有采购和承包人员，没有工程设施或支持服务。通过合约安排，我们仍然从我们的邻居军队获取了相当大的支持，特别是在生活方面。

1960年7月1日，MSFC正式成立，冯·布劳恩博士就是MSFC的主任。即便如此，他也向唐纳德·奥斯特兰德少将——NASA运载火箭运营总监汇报工作。埃伯哈德·里斯博士为MSFC研究和发展处副主任。德尔玛·莫里斯从原子能委员会招募而来作为管理副主任。MSFC采纳和适应陆军兵工厂的火箭和导弹的研究、开发、测试、验证、项目管理、检测和发射系统体系。特别是，它在各种实验室实施兵工厂系统的核心概念。E.D.盖斯勒博士负责航

空弹道学实验室。赫尔穆特·赫尔策博士主管计算实验室。库尔特·德布斯博士是导弹热试实验室主任。沃尔特·霍伊瑟曼博士领导制导与控制实验室。恩斯特博士任研究项目实验室的负责人。威廉·姆拉泽克主管结构和力学实验室。埃里克·诺伊贝特任系统分析与可靠性实验室主管。汉斯·许特尔负责系统支持设备实验室，还负责半人马座和阿金娜上面级项目。卡尔·亨堡负责测试实验室。此外，MSFC 有具体的项目办公室，每个办公室都有其自己的主任。其中包括未来项目办公室的海因茨·赫尔曼·科勒，土星系统办公室的奥斯瓦尔德·H. 兰格博士及其副手康拉德，技术项目协调办公室的乔治·康斯坦，技术服务办公室的大卫·纽比，以及其他涉及人员和安全性的机构。1960 年 MSFC 最大的计划是土星Ⅰ号运载火箭，由土星系统办公室管理，并有三个项目办公室，由运载器项目

图 6-1 沃纳·冯·布劳恩博士（中心）与 MSFC 的主要主任在土星运载火箭早期的会议上。左起：制造工程部的沃纳·库斯、天文电子学事业部的沃尔特·霍伊瑟曼博士、推进和飞行器工程部的威廉·姆拉泽克博士、冯·布劳恩博士、质量保证部的迪特尔·格劳、土星系统办公室的奥斯瓦尔德·兰格博士和研发部副主任助理埃里克·诺伊贝特（NASA/MSFC）

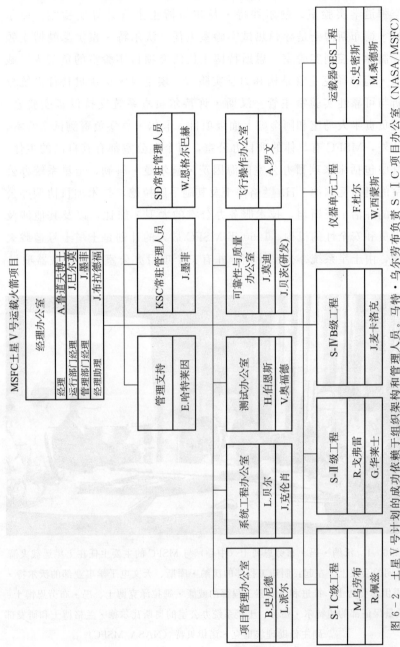

图 6 - 2 土星 V 号计划的成功依赖于组织架构和管理人员。马特·乌尔劳布负责 S－I C 项目办公室（NASA/MSFC）

经理，S-I 级项目经理，以及 S-Ⅳ 和 S-Ⅴ 项目经理管理①。兰格博士创建工作组，主要工作内容是要找准土星 I 号运载火箭主要系统的研制问题、推荐解决方案、实施建议及解决问题的报告，并告知土星系统办公室运载火箭的其他事宜。每个工作组都由相关实验室的一个关键个人进行指导。这些早期的工作组是 MSFC 运载火箭计划管理的第一步，为今后几年里土星 Ⅴ 号运载火箭计划的管理铺平了道路。

6.1　NASA 管理结构的演变

NASA 本身经历了一个至关重要的管理组织变革，目的不仅是管理拟议中的载人和无人太空探测计划，还要建立一个结构，使其能够有效地与野外中心互动——这些中心自主经营，在实施其方案时与总部相协调。该机构吸引行业人员和军事人员，以协助组织管理其方案和预算。雇佣合格的人员是特别具有挑战性的，因为这往往意味着工资的大幅下降，怎么可能会有为 NASA 工作的动力？也许，最大的诱惑是参与计划，探索月球，它结合了最艰巨的工程和项目管理的挑战，以及惊人的探索壮举。对许多人来说，这实质上是一种使命召唤。当然，德国火箭队成员清楚地知道，在工业界他们可以赚得更多，但在其一生中，他们也被将一个人降落在月球上的前景驱动着。特别是对于那些在其组织上层工作的人来说，为 NASA 工作意味着个人经济上的牺牲。幸运的是，NASA 成功吸引了成千上万的技能人才来组织和指挥载人航天计划，特别是运载火箭计划。

T. 基斯·格伦南是 NASA 1958 年成立以来的第一任局长。在三年任期内，他在弗吉尼亚州汉普顿兰利研究中心的太空任务小组的协助下，建立了航天局的组织机构。罗伯特·R. 吉尔鲁思博士任太空任务小组主任，后和任务小组迁往得克萨斯州休斯敦的载人航

---

① 　S-Ⅴ最终从土号 I 号运载火箭计划中退出。

图 6-3　阿波罗计划期间亚瑟·鲁道夫博士任 MSFC 土星Ⅴ号项目办公室主任
（NASA/MSFC）

天中心。休·L. 德莱顿是格伦南的副手。1960 年，罗伯特·C. 西曼斯任局长助理，在 1965 年德莱顿去世后接任副局长。在 NASA 创建时，乔治·M. 洛任职规划委员会，航天局成立后不久，他调往在华盛顿特区的 NASA 总部，不久，他成为载人航天飞行主管。约翰·F. 肯尼迪当选总统后，任命詹姆斯·E. 韦伯为局长以取代格伦南。1961 年 9 月，韦伯对航天局机构进行了重组，创建了四个新的项目办公室，其办公室主任以及其他野外中心的主任，都向局长助理汇报工作。高级研究和技术办公室由艾拉·H. 雅培领导。太空科学办公室由荷马·E. 纽厄尔负责。载人航天飞行办公室由 D. 布雷纳德·霍姆斯领导。应用办公室的主任还没有任命。此外，由于太空任务小组的职责日益增长，吉尔鲁思被任命为载人航天器中心主任，中心当时正在休斯敦建设。

正如 1985 年就 NASA 的管理架构采访詹姆斯·韦伯时他解释的那样：

> 这项遗产不错，格伦南和他的同事已经打下了一个构建良好的基础，并按照良好的理论和实践结合的方针开始建立上层结构。他为他的时代建立了管理架构，符合艾森豪威尔总统及其政府设定的范围；按照肯尼迪总统所设定的目标，加倍努力，我们有不同的工作，但他给我们留下了良好的基础。在这个构建良好的基础上，我们建立了我们的计划。

1961 年 12 月 21 日，D. 布雷纳德·霍姆斯宣布成立载人航天飞行管理委员会，管理委员会每月召开一次会议。其成员包括来自 MSC 的罗伯特·R. 吉尔鲁思博士、沃尔特·C. 威廉斯、沃纳·冯·布劳恩博士，来自 MSFC 的埃伯哈德·里斯博士，以及来自总部的乔治·M. 洛、米尔顿·罗森、查尔斯·H. 罗德曼、威廉·E. 莉莉和约瑟夫·F. 谢伊博士（系统工程部副主任）。亚瑟·鲁道夫博士被任命为系统工程部主任助理，是 MSFC 和 MSC 之间进行运载火箭项目研发的联络人。

MSFC 本身在 1962 年对其管理架构进行了进一步细化。在 2 月，成立了中央规划办公室，以协助规划、协调和报告方案。在这个过程中，取消了一些子办事处，成立了新的办事处，其余的重新调整。正如冯·布劳恩在 1962 年写道：

> 由于我们的首要任务是对分配给 MSFC 的各种项目进行管理和方向指导，我们对管理架构做出了两个重要的变化。一个是成立中央项目办公室，其主要目标是通过提供综合的整体规划，更紧密的计划协调，并增加管理数据和支持，来协助高层管理人员。我们的中央规划办公室还负责协调诸如计划评审技术（PERT）和自动数据处理（ADP）等管理工具的引进和开发。

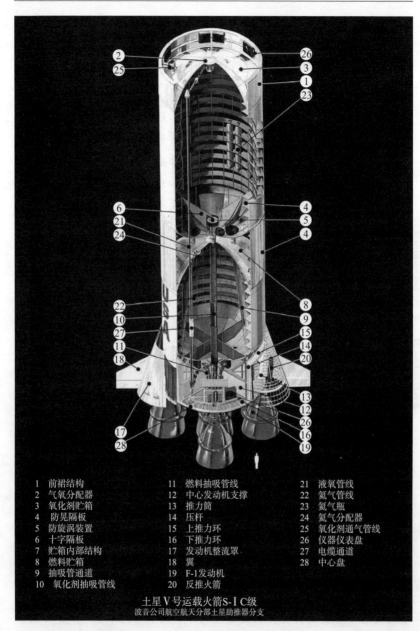

1	前裙结构	11	燃料抽吸管线	21	液氧管线
2	气氧分配器	12	中心发动机支撑	22	氦气管线
3	氧化剂贮箱	13	推力筒	23	氦气瓶
4	防晃隔板	14	压杆	24	氦气分配器
5	防旋涡装置	15	上推力环	25	氧化剂通气管线
6	十字隔板	16	下推力环	26	仪器仪表盘
7	贮箱内部结构	17	发动机整流罩	27	电缆通道
8	燃料贮箱	18	翼	28	中心盘
9	抽吸管通道	19	F-1发动机		
10	氧化剂抽吸管线	20	反推火箭		

土星 Ⅴ 号运载火箭S-ⅠC级
波音公司航空航天分部土星助推器分支

图 6 - 4　波音公司被授予制造土星 Ⅴ 号运载火箭的 S - Ⅰ C 级的合同，
包括将洛克达因公司的 F - 1 发动机装配到该级上（NASA/ MSFC）

图 6－5　1963 年 10 月，MSFC 制造工程实验室内即将完工的 S－ⅠC 级
推力结构组件全尺寸工程样机（NASA/MSFC）

除了我们的技术部门，另外一个重要的变化是设立项目办公室。MSFC 的 10 个技术部门的职责与以前没有变化。这些部门不是按项目，而是按专业学科设置，如工程机械、电子、飞行力学、飞行器动力学等。

图 6-6　S-ⅠC 级推力结构装配早期显示有四个锥形压紧柱（NASA/MAF）

MSFC 展示其实力和技术能力的两个显著特征是"自动责任"和"脏手工程"。"自动责任"指每个实验室都必须解决出现的问题，并在必要时与其他实验室合作以确保问题得到解决，而不是在正式评审之前，简单地将问题搁置。正如冯·布劳恩指出的：

部门主任直接并单独向我负责他在每个指定学科的业绩。他希望自动参加涉及其学科的所有项目，直至获得结论。

"脏手工程"是亨茨维尔军工文化的一部分。它呼吁项目经理与 MSFC 的其他办公室和实验室进行一对一的合作，以解决特定的制造问题或其他问题。这种方法不仅加快问题或难题的解决，还加快完成手头的任务，同时也扩大了个人知识库。正如冯·布劳恩解释说：

部门主任的一项重要职责是保持其组织具有高水平的技术能力。这一点可以部分通过理论研究和其他机构及行业正在做的工作来实现。但是。它不能做充分，除非科室的技术人员让他们的手脏，并积极履行专门挑选可以更新自己知识和提高能力的工作项目。

在 MSFC，我们仍然可以将太空运载火箭及其制导系统的概念贯穿从设计、开发、制造到静态测试的整个开发周期，并且我们有意保留和培育有限的内部的能力。原因很简单：美国工业生产优良产品的能力是毋庸置疑的。将其投放市场，在推销方面具有无与伦比的说服力。让政府决定我们收到来自业界的投标或建议中哪个最好，以及支撑竞争能力和报价的实证有多充分确实不容易。为了让我们使用最佳的判断力更有效地花纳税人的钱，我们自身只需要做一定量的这种研究和开发工作。我们只需要保持勤奋，指挥从事具体设计、加工和试验的专业人员。否则，依靠我们自己的能力，建立标准并对承包商的建议和未来的业绩进行评估，会力不从心。

对阿波罗计划来说，所有这一切都将被证明是非常重要的。为了保证成员的安全和确保任务的成功，巨型、复杂和强大的机器要近乎完美地工作。NASA 总部及其野外中心的项目管理架构应该是这样一种方式或应达到这样的程度，即在指定期限内，即 20 世纪 60 年代末，可以实现将人类降落在月球并安全地返回地球的强大目标。为了实现这一目标，阿波罗计划需要全国最优秀的组织和管理人才。乔治·穆勒博士就是这样一个关键的人，1963 年夏天，为了担任 NASA 载人航天飞行项目的副助理署长，他离开航天技术实验室研究和开发副总裁的岗位，D. 布雷纳德 9 月离职后，穆勒接任载人航天飞行项目副署长。

正如罗伯特·C. 西曼斯 1998 年 11 月在约翰逊航天中心口述历史计划上会见米歇尔·凯利时所讲述的：

图6-7 S-ⅠC级的推力结构组件是土星Ⅴ号运载火箭第一级中最重、最坚固的部分。图为在 MAF 的情况（NASA/MAF）

于是，那年夏天穆勒来了，他做了出色的工作。布雷纳德也做了伟大的工作。但是，穆勒补充说，除其他事件外，有两件事情在一开始真的很重要。一个是资深人士管理项目的运行。我们很难雇佣行业人士进入 NASA 工作。显然，他们要承受大幅减薪，除此之外，还因为项目没有吸引力。但我们确实雇到了一些人。

另一件事情就是他有进行全系统测试的想法。那时我们已经发射了 4 枚土星Ⅰ号运载火箭。这只是第一级。上面级除了里面的沙子外一无所有。这是日耳曼式测试方法，那就是有很多飞行器，你一步一步地做事，每次加入一点点。例如，在Ⅴ-2 火箭成功之前，他们就发射了 77 枚Ⅴ-2 火箭。即使在穆勒到来之前，很明显，如果我们不停地以这种老旧的方式做事，我认为我们不能够降落在月球上，甚至在十年内或者接近十年都做不到。但穆勒来了，他说：

图 6-8　波音的技术人员在 S-IC 级推力结构基部（NASA/MAF）

"全系统测试。"他说："第一枚阿波罗发射将全部是完整的飞行器。"亨茨维尔人是绝对吓呆了。他们说，这永远行不通。

　　穆勒才华横溢且不知疲倦。他经常一周工作七天，也希望别人这样做，他经常在周日举行会议。他认为让有经验的人来 NASA 管理阿波罗及其诸多子计划，是绝对有必要的。穆勒利用他在工业界和空军的社会关系说服人们加入我们的团队。穆勒联系了因成功管理洲际弹道导弹计划而获赞誉的伯纳德·A. 施里弗，并希望许多人任职。其中，萨姆·菲利普斯将军，曾成功参与 B-52 轰炸机计划，然后领导民兵洲际弹道导弹计划。1963 年 12 月 31 日，NASA 宣布，任命他为总部阿波罗项目办公室副主任。在此期间（11 月 22 日），发生了举国震惊的约翰·F. 肯尼迪总统遭到暗杀的悲剧。美国月球探测的支持者，也是启动该计划的那个人，现在已经去世了。就在数以百万计的美国人举国哀悼之时，NASA 和国会下定决心推进肯尼迪的大胆挑战。在佛罗里达州卡纳维拉尔角为该计划的准备任务和发射任务而建的设施，为纪念肯尼迪而改名为肯尼迪航天中心。

正如穆勒博士在 1999 年约翰逊航天中心口述历史计划的一次采访中指出的那样：

菲利普斯将军很可能是我所知道的最好的经理。我是在 TRW 公司（Thompson - Ramo - Wooldrige），或在航天技术实验室（STL）时认识他的，还听说了他在 B - 52 轰炸机上的工作。他职业生涯漫长，有非常优秀的管理责任感并取得了很大成就。所以去 NASA 的时候，我做的第一件事就是寻求空军的支持，从空军带来一些懂项目管理知识的人，因为 NASA 从来没有真正的机会管理任何规模的计划，所以他们没有足够的基础设施去实施像阿波罗那样的计划。说真的，就计划本身而言，这是一个转折点，因为直到我们有足够的基础设施能够妥当地实施这种管理措施（对全系统的方法来说必不可少）时，我们才没有麻烦。所以，自主项目办公室向萨姆·菲利普斯和中心主任向我并行汇报工作，给了我们一种实施计划所需的洞察力和控制力。

穆勒在 1963 年下半年做出的另一个重要决定是成立 NASA 工业阿波罗高管集团。这包括载人航天飞行办公室的项目经理和与 NASA 有主合同的公司的高层管理人员——通常是老总。会议每月在华盛顿举行，穆勒博士和高层管理人员或他们的代表参加，未有缺席。

1963 年，MSFC 进行了重大改组，成立了两个新部门。冯·布劳恩团队的一名老将赫尔曼·怀德，被任命为研究和开发业务总监，罗伯特·扬被聘为宇航喷气公司工业业务总监。作为重组的一部分，中心所有实验室被置于研究和开发业务部的保护伞下，两个土星计划及其发动机项目成为工业业务部的一部分。解散土星系统办公室，取而代之的是土星 I 办公室、土星 V 办公室和发动机办公室。康拉

图 6-9　MAF F-1 发动机检测站的阵容（NASA/MAF）

德·丹嫩贝格任土星Ⅰ办公室主任。亚瑟·鲁道夫博士从总部调来任土星Ⅴ办公室主任。利兰·F. 贝卢任发动机项目办公室主任。事实上，贝卢一直都担任推进和飞行器工程部以前的发动机管理办公室主任，这是一个平稳过渡。发动机项目办公室负责管理 H-1、RL-10、J-2 和 F-1 发动机项目。在这特殊的一年中，MSFC 还增加了人员，深刻地影响了土星Ⅴ号运载火箭的方向和管理。其中一个任命是：比尔·斯尼德成为土星Ⅴ号运载火箭计划控制办公室主任。2006 年他向笔者回忆：

　　1963 年，亚瑟·鲁道夫博士、我和其他几个人加入 MSFC。我一直跟随鲁道夫博士从事潘兴导弹计划。NASA 成立时，冯·布劳恩博士和他的团队转到 MSFC。我们这些潘兴导弹项目办公室的人则留在军队完成潘兴导弹的研制任务。我在该项目负责一种元件的预算工作。

　　我们最初将约瑟夫·谢伊博士分配到 NASA 总部，负责阿波罗计划的系统工程和集成。他在得克萨斯州休斯敦的载人航天中心，

在亨茨维尔的 MSFC，在佛罗里达州的 KSC 都有驻地办公室。直到
1963 年，奥斯瓦尔德·兰格博士一直都是土星计划的主管。鲁道夫
博士负责土星 Ⅴ 号运载火箭计划，我在同一时间加入了该计划。我
负责制定时间表，按时间表监测进展情况和存在的问题，并建议纠
正措施。我的第二个主要任务是预算。我负责整个土星 Ⅴ 号运载火
箭计划的预算规划和土星 Ⅴ 号运载火箭计划所有收到资金的分配和
控制。

土星 Ⅴ 号运载火箭在工程和项目管理方面都面临巨大挑战。鲁
道夫博士精简土星 Ⅴ 号运载火箭项目办公室，并委托几个关键人物
负责管理。其中的一个人是吉姆·墨菲，他是土星 Ⅴ 号运载火箭在
KSC 的驻点经理。

正如康拉德向笔者回忆说：

亚瑟·鲁道夫建立了土星 Ⅴ 号运载火箭项目管理办公室，私营
行业的许多人都很羡慕。许多人来到亨茨维尔观摩他的土星 Ⅴ 号运
载火箭项目管理系统。鲁道夫挑选詹姆斯·墨菲（美国空军军官）
做他的副手，这是他的另一个聪明决定。这是一个非常有意义的决
定。当然，另一方面，冯·布劳恩也颇多依靠亚瑟·鲁道夫。在土
星 Ⅴ 号运载火箭项目伊始，我们每天与他联系，因为我们的办公室
是紧邻的。按照惯例，冯·布劳恩星期一要召开早会，参会人员不
仅包括土星项目的关键人物，还包括其他项目的人员。我们不得不
提交一份简报，同时还提交一份书面报告。冯·布劳恩会详细浏览
所有这些书面报告并做笔记，将意见反馈给报告撰写人。

鲁道夫博士成功的潘兴计划管理经验给他如何构建土星 Ⅴ 号运
载火箭项目办公室，以及如何管理计划本身提供了行之有效的方法。
他还曾与他充分信任的潘兴计划的其他人合作管理各自的领域，并
要求他们中的一些人加入土星 Ⅴ 号运载火箭计划。鲁道夫博士在项
目管理的理念与新改组的 MSFC 的理念一致，尤其在"自主责任"
方面。正如他在 1968 年接受采访时所说：

图 6-10 土星 V 号运载火箭计划的早期阶段，S－ⅠC 级在水平装配大楼的装配。
图中能看到推力结构和 RP－1 贮箱装配到级间适配器（NASA/MAF）

　　和我打交道的经理有两类人。一类人是触及问题时，如果这个
家伙跟你的时间足够长，他会马上理解。即使不用长时间的讨论，
他也知道是什么问题。他知道这是困扰我的事情，是需要做的事情，
如果他说'是的，我会做到这一点'，我不会担心。这些都是了不起
的人。这些人真的能知道你脑子里想的是什么，并贯彻始终。当然，
反过来，他们得给别人传达信息，越往下传达就越困难。另一类人
是，他们听到问题，他们有最好的意图，但他们缺乏解决问题的能
力，只能看着别人解决问题。我想我是幸运的，大部分跟随我工作
的人——我的产品经理、级经理、硬件经理或职能经理——在大部
分时间会去做到这一点，而我不会去检查。我谈到的硬件经理、级
经理或产品经理，这是普遍接受的术语，这其实是一类经理。如果

图 6-11　S-ⅠC 的下部分在 MAF 的移动。这是推力结构的
一个很好观察点（NASA/MAF）

你看到一个普通的组织结构图，即使你是在一个项目办公室里，也可以称其为"组织"。然后那里的员工就有些分散了。我给我的同伴讲他们不是员工。他们是经理，只作为硬件经理为我工作。他们有责任和权力来管理。你可以发挥作用（如质量和可靠性）。因此，我的整个架构是一个矩阵。横向为硬件，纵向为功能。工程全员都可参与。

　　系统工程是最重要的，因为它是最难懂的。这个世界上有很多困惑的事。质量、可靠性和测试是工程函数，但你可以不这样叫，否则它会变得更加混乱，以至于不能处理它、管理它。这对于一个人来说实在是太多了。要想打破它，你必须垂直管理系统工程、测试、质量和可靠性。然后，你收集所有的材料——硬件，职责，经理（不是员工），把它们放在一个信封，这就是项目控制。这就是所需要的详细的概念。虽然很多人不同意，但它管用。

　　土星Ⅴ号运载火箭计划如何架构，才能使其三个级、仪器装置、登月舱和登月舱适配器、勤务舱、指令舱和发射逃逸系统可以有效地整合？这就是鲁道夫博士的工程技术和管理经验影响土星Ⅴ号运载火箭计划前进步伐和成功的地方。他的土星Ⅴ号运载火箭项目办公室与其他 NASA 中心互相配合进行工作，以确保所有土星Ⅴ号运载火箭元件及其制造、测试、飞行准备和运送到 KSC 的并行工程流程顺畅。MSFC 管理 S-ⅠC、S-Ⅱ和S-ⅣB 项目，包括其发动机、仪器仪表和有关飞行器的问题。在休斯敦的 MSC 则负责登月舱和登月舱适配器、勤务舱、指挥舱及其发射逃逸系统，以及所有相关的发动机、推进器和辅助设备的项目管理。

　　土星Ⅴ号运载火箭计划在 MSFC 有五个主要办公室，即由比尔·斯尼德领导的计划控制办公室，L. 贝尔负责的系统工程办公室，H. 伯恩斯负责的测试办公室，穆迪负责的可靠性与质量办公室和罗文负责的飞行运行办公室。有两个办公室位于总部大楼背面，即第 4201 号和4202 号。土星办公室和土星发动机办公室在 4201号。土星Ⅴ号运载火箭计划的管理分成 S-ⅠC 项目、S-Ⅱ项目、S-ⅣB 项目、仪器仪表项目和飞船项目[①]。

　　2006 年比尔·斯尼德向笔者解释这些项目在 MSFC 是如何管理的：

　　我们有一个相当独特的组织结构，称为镜像办公室。在 KSC，MSFC 和约翰逊航天中心有相同的组织结构。在华盛顿的阿波罗项目办公室的真实情况也是如此。例如，在总部有一个计划控制办公室，在每个中心也有一个计划控制办公室。在日常工作中，计划控制人员不断地相互沟通事情如何进展，在时间表、预算或者技术方面有哪类问题。如果必须采取行动，我们将通过计划和项目经理来采取纠正行动。有了这些联系，同行在干什么我们都一清二楚。

----

　　①　当时 NASA 的用语是：运载器与飞船的组合被称为航天器（the space vehicle）。

图 6-12　固定杆下部的 S-ⅠC 支撑模块特写，4 个支撑块支撑着移动平台
牵制装置上土星Ⅴ星的整个重量。5 台 F-1 发动机达到完全且稳定推力后，
牵制装置才释放（安东尼·扬）

　　我们使用了一种非常关键的工具，它是一个任务分解结构。你
必须将一项艰巨的任务分解成更小的任务。任务分解结构是一个两
层结构。硬件元件包括 S-ⅠC、S-Ⅱ、S-ⅣB、仪器仪表、飞船、
F-1 发动机和 J-2 发动机。而另一层则包括项目控制、系统工程和
集成、可靠性和质量保证的系统测试。

　　我们对于占总预算 90%～95% 的硬件元件有技术要求，建立和
控制每个元件的时间表和预算。我们有管理人员负责这些硬件元件，
对每一个元件都要进行程序控制，由程序控制负责该元件。我们通
过这些管理人员确定预算需求和技术要求，判定满足要求的程度和
时间表。如果一个级的进度比另一个快，我们必须平衡资源。我的
工作是建议如何恢复这种平衡。我们也保持了大量的计划储备，鲁

道夫博士和我负责管理。如果一个项目的元件遇到了麻烦，误点或者遇到特殊问题，我们不得不使用储备的手段，把时间买回来。对于庞大的工作，我们试图让一切进度步调一致，所有元件在同一时间完成。

MSFC 的计划控制中心每月举行例会，讨论土星 Ⅴ 号运载火箭计划所有元件的进展情况或存在的问题。在计算机、PowerPoint 等演示手段的时代到来之前，控制中心采用大而清晰的有机玻璃面板来演示，为突出重点、增加清晰度，利用手写和录音的方式使时间表重点明显。所有与会的管理人员和工程师可以一目了然地看到土星 Ⅴ 号运载火箭每个元件的状况。

斯尼德解释道：

有机玻璃面板的时间表上有 F-1 发动机、J-2 发动机、S-ⅠC、S-Ⅱ和 S-ⅣB 计划的每一个硬件元件。我们也有每枚飞行器的时间表，例如第一次飞行样机、第二次飞行样机和所有的地面测试样机的时间表。我们有所有动态的和全系统的测试时间表。我们有有机玻璃面板上显示所有试验所需的东西，而这些是在任何时候都有储备的。每个图表都有一个名称，说明由谁负责实时维护。如果有一个问题，如发动机交付延迟或 S-ⅠC 交付延迟，我们将在日程表上画一个红色箭头将其作为一个潜在问题。

我们还有一个解题板，列出我们认为的某段时间内相关计划的十大问题。我对中心的事一清二楚，然后我要确保提出整理的每一个主要问题，包括技术、时间表或预算方面的，都要列入议事日程。我们会跟踪每个问题的解决方案，并且这些问题始终存在于我们的方案审查中，直到问题解决。在处理某个特定问题的专题会上，我们会与相关人员见面，布劳恩博士就多次与那些向他汇报某个特定问题的人会面，例如试验台上的级爆炸问题①，就是一个大问题！

----

　　① 1966 年 5 月 28 日，S-Ⅱ-T 级的氢贮箱在试验台上发生了爆炸，原因是贮箱压力传感器连接错误。

图 6-13　准备安装 5 台 F-1 发动机的 S-ⅠC 级（NASA）

　　鲁道夫博士被证明是在 MSFC 管理土星Ⅴ号运载火箭计划的十分正确的人。他周围的人，常常惊叹于他可以正确确定一个特定问题的原因，无论是在制造方面还是在调度、质量控制、测试或预算方面。其实，在 MSFC，他是冯·布劳恩博士之后第二个最有经验和最有才能的人。两人有许多共同的管理特质。

　　谈到他与鲁道夫博士多年的合作时，斯尼德说：

　　他是一个值得合作的巨人。有一次我告诉他："在你的决策过程中，似乎有第六感。"对他如何处理问题我总是印象深刻，最后我终于醒悟了，我看到的是第六感就是经验。他给计划带来了丰富的经验。

　　冯·布劳恩博士的管理风格和人际关系技巧是最高明的，从最高级别的经理到维修人员，都对他尊重有加。他喜欢交际，而且为人彬彬有礼，喜欢出现在媒体的聚光灯下。鲁道夫博士则常常避开媒体的关注——事实上，在媒体面前他通常并不知名。他精选他的团队，知道每个人的能力，并分配给与他们能力相匹配的最大责任。作为对他期待的回报，他希望工作有结果，不允许手下的人有任何借口。他真正接受了"自主责任"。

比尔·斯尼德与冯·布劳恩博士和鲁道夫博士密切合作，并指出了其不同的管理风格：

> 我不得不说，冯·布劳恩博士是我在 MSFC 打交道的名单上的人中级别最高的。在知识储备方面，他是一个真正的领袖。他是一个富有同情心的人且对人和善，但迫不得已时也会拍桌子，但那只发生在少数场合。但他是真正的绅士。我不害怕在他面前说话，但我也必须做好准备。与冯·布劳恩博士不同，鲁道夫博士是一个低调的人。他经常把自己比作一个铁匠。冯·布劳恩是一个风流倜傥有魅力的男人，他可以与总统谈话——他经常这样做。鲁道夫博士的性格则完全不同。他是以工作为乐、把工作做好的那种人，而不是接触新闻界，并做大量公共采访的那种人。那不是他的风格。

6.2　土星选用 S‑ⅠC 级

1961 年，MSFC 准备土星 C‑5 运载火箭第一级的征询方案，因为当时要对即将成为土星 Ⅴ 号的运载火箭命名。9 月 17 日，NASA 邀请了 36 家公司竞标 S‑ⅠC 级（由 F‑1 发动机簇驱动）的研制合同。9 月 26 日，在路易斯安那州新奥尔良市，投标人简述了标书，透露了 RFP 细节。11 月 10 日，MSFC 收到了五份投标。在接下来的一个月中，举行了与潜在承包商的讨论和谈判。1961 年 12 月 15 日，MSFC 发出一份新闻稿，宣布波音公司被选为一个可能的主承包商。"可能"这个词是必不可少的，因为对级的设计、制造、测试和飞行级的交付问题的范围谈判仍在进行中，但重要的是这样的事实，是采用土星 C‑5 号还是采用新星运载火箭实施载人登月飞行任务，尚未决定。

（1）4 台或者是 5 台 F-1 发动机？

波音公司被选为 S-ⅠC 级的临时承包商不久，马特·乌尔劳布就加入 MSFC。他曾在 20 世纪 50 年代，在红石兵工厂从事各种导弹计划研究，包括红石和丘比特。他经常在承包商设施现场工作。鲁道夫博士和冯·布劳恩博士了解他的能力和人品，在军队时他就很优秀。他被任命为 S-ⅠC 项目经理，在鲁道夫博士手下工作。

图 6-14　在 MAF F-1 发动机开始装配到 S-ⅠC（NASA）

历史学家罗杰·比尔施泰就给 S-ⅠC 加上第 5 台 F-1 发动机的决定采访过乌尔劳布，但《土星各级》一书中没有他的意见。乌尔劳布解释道：

我记得谈话或讨论涉及这一点，在我们标书中的四发动机布局中，我们考虑在地球轨道放置两枚土星Ⅴ号运载火箭，在轨装配指令舱、服务舱和提供逃逸速度的最后推进级——所有这一切在地球轨道完成，然后从地球驻留轨道继续前往月球。现在的 4 台发动机方案，没有其他选择。不能直接去月球并进行月球轨道机动，不能完成分离，不能把一部分留在月球轨道，然后登月舱下降到月面再返回交会。4 台发动机不能实现这个方案。而 5 台发动机可以选择这个方案，且优点是只需要一枚火箭完成任务。

　　一方面，在地球轨道的组装操作有其安全性，乘员的操作是可以被看见的，如果发生意外，他们可选择返回地球，但这非常昂贵，要想做到这一点就需要两枚火箭，发射率高。这就有了与在地面一次发射的简化操作的比较，在月球轨道进行分离和交会就会陡增风险，如果出现错误，乘员没有安全返回地球的选择。这一直是一个非常棘手的机动，且发生在背月面，我们与他们的联系会中断。他们不得不启动服务推进舱进入月球轨道降落，当他们点火返回时，不得不在月球背面启动服务舱。这完全依靠航天员的操作。在没有监视他们操作的控制中心的保护下，他们要确保通过检查清单正确操作。成败完全取决于他们，他们要完全依靠自己。

　　对这类比较进行了仔细考虑，最终的决定是"可以"——我们将采用 5 台发动机的布局。我们将拥有一枚有能力直接去月球的火箭，执行任务所需要的一切都可箭载。我认为，在审议过程后发生了影响决定的一件事，那就是"自由返回"的方案，在动力飞行期间，如果出现错误或者在跨月轨道时发生错误，如阿波罗 13 号发生的情况，如果他们什么也不做的轨迹是这样的，绕着月球朝向地球的返回轨道，尽管在返回轨道，但他们不得不做一些修正，将其带回。但我想，那个"自由返回"的方案有助于做出单一发射能力的决定——这需要 5 台发动机。

　　1961 年 12 月 21 日，载人航天飞行办公室主任 D. 布雷纳德·霍姆斯宣布成立载人航天飞行管理委员会。其成员包括罗伯特·R. 吉尔鲁思、沃尔特·C. 威廉斯、沃纳·冯·布劳恩、埃伯哈德·里斯、乔治·M. 洛、米尔顿·W. 罗森、查尔斯·H. 罗德曼、威

廉·莉莉、约瑟夫·F. 谢伊和 D. 布雷纳德·霍姆斯。这些都是
NASA 最有影响力的人。委员会每月召开一次会议，制订计划并解
决载人航天飞行计划的相关问题。在委员会的第一次会议中（12 月
21 日），决定 S-IC 级添加第 5 台 F-1 发动机，波音公司为土星
C-5 级整合承包商，并认为该公司应该在 NASA 授出最终合同之前
进行详细的设计研究和开发及做好生产计划。决定为 S-IC 增加第
5 台发动机，使可能的月球轨道交会的讨论更加积极。1962 年 2 月
14 日，波音公司和 NASA 签订 S-IC 级的规划和研究阶段合同，
期望以后收到设计开发、制造、测试和发射操作的合同。在接下来
的 4 个月内，NASA 及其运载火箭和飞船承包商辩论执行阿波罗登
月任务的最佳模式。1962 年 6 月 22 日，载人航天飞行管理委员会做
出使用土星 C-5 号运载火箭和月球轨道交会的重大决定。7 月 11 日
公开发布。1963 年 2 月，火箭的名称由土星 C-5 号简化为土星 V

图 6-15 路易斯安那州新奥尔良附近宽阔的 MAF，
最高的建筑是 S-IC 垂直装配大楼（NASA）

号，使用罗马数字 Ⅴ。2 月 25 日，NASA 与波音公司签订设计、开发和制造 S-ⅠC 级的正式合同，价值为 418 820 967.00 美元。该合同要求一个地面试验级，10 个飞行级。

（2）S-ⅠC 级的合同谈判

凭借在 ABMA 时建立的广泛人脉关系，S-ⅠC 项目办公室主任马特·乌尔劳布将有经验的人带来从事该项目。其中的一人是比尔·哈里斯，他从 ABMA 来到 MSFC 的推进与飞行器工程实验室工作，后来在飞行器集成小组。2007 年，哈里斯向作者回忆道：

当波音公司获得负责第一级完整的设计和制造合同后，他们审查了整个设计，将 MSFC 的方案根据自己的目标进行了重新验证，因为他们负责级的任务。MSFC 的理念是，虽然承包商负全部责任，MSFC 还是对要发生的事负主要监督责任，并深入计划的实施。

我还在 ABMA 的时候，最初的合同就已做好，那时方案选择已经确定。来到马歇尔之后，我们做了很多的合同修改工作。将合同类型从成本加固定费用合同改成成本加奖励费用合同。这本身是一大创举，因为它是机构内的先河。我们终于与波音公司达成协议，就合同条件和谁去负责什么部分，都有明确的界定。这是我们经历过的一个微妙的谈判，以确保双方完全同意最终的结果。

（3）模型测试和 S-ⅠC 底部因 F-1 发动机引发的加热

和土星Ⅰ号、土星ⅠB 号运载火箭一样，MSFC 也制订了土星Ⅴ号运载火箭模型试验计划，特别是 S-ⅠC 的第一级试验计划。试验的目的是收集因土星五台 F-1 发动机组成的发动机簇而引发的底部加热和风洞试验大气压力递减等问题的重要信息。风洞试验将模拟从 38 千米到 61 千米高空第一个 30 千米主动段的上升和轨道数据。F-1 发动机试验评估的领域为底部加热、底部对流和底部辐射，但对底部压力和底部环境也进行了研究。早先的研究显示，根据 S-Ⅰ和 S-ⅠB 测试模型获得的经验，短程试验技术将是足够的，不需要长程试验技术。1∶45 模型由康奈尔大学航空实验室设计，由

SFC 负责制造。按此比例，S-ⅠC 模型的直径为 22.5 厘米。因为没有上面级，该模型配有一个前体，其中空气动力学鼻锥与风洞脐带塔连接。该模型对缩比 F-1 发动机的操作和配置做有相当详细的模拟。模型有 4 个发动机整流罩，以减少模型发动机的空气动力载荷，就像真实飞行器的整流罩一样。箭外发动机是可摇摆的。一个单一燃烧室安装在发动机上部，燃烧乙烯和氧气的混合物，混合物输入发动机喷嘴，以指示流量。该模型甚至可以模拟涡轮排气。在每台发动机模型的底部，都安装了记录温度和压力的仪表。使用了四种不同的测试设施来进行试验：康奈尔大学的 2.44 米×2.44 米跨声速风洞；刘易斯研究中心的 2.44 米×1.83 米跨声速风洞；刘易斯研究中心的 3.0 米×3.0 米的超声速风洞和康奈尔大学的高度室①。

试验开始于 1963 年 2 月，于 1965 年 8 月结束。关键结论如下：

1）增加偏转器可显著减少对流加热。

2）在 30 千米以下，对流加热对底部加热的贡献甚微。

3）在 36 千米以上，出现箭外喷管的高对流加热率，中央发动机对流则少得多。

4）数据显示，在低海拔地区，热排气存在于底部区域。在低气压的高海拔区域，在底部有诸多排气。

应用到 S-ⅠC 设计中的其他发现有：根据模型试验结果，用隔热板恰当地保护一级的底部，并确认 F-1 发动机的外部需要热防护系统。

（4）S-ⅠC 级的构型

S-ⅠC 主要有五个分段，分别是尾段（包括推力结构和 F-1 发动机）、燃料箱结构、级间贮箱裙结构、液氧贮箱结构和前裙结构。推进剂贮箱两端呈穹窿状，圆柱段和级外蒙皮连成一体。从前裙结构顶部到 F-1 发动机后缘的级的总长度为 42 米，圆柱段直径为 10 米（整流罩和底部的尾翅进一步突出来），液氧贮箱位于燃料贮箱上

---

① 刘易斯研究中心在 1999 年更名为格林研究中心。

图 6-16　MAF 垂直装配大楼内的 S-ⅠC 装配系列照片（NASA）

方。液氧由五条穿过燃料贮箱的通道输送到发动机。燃料贮箱底部每个出口装有前置阀，将 LOX 直接输给其中的一台发动机。在燃料贮箱底部有 10 个燃料抽吸管出口，其上有前置阀，向每台 F-1 发动机的两个燃料入口输送燃料。

推力结构是五大主要元件中最重的，其质量达 21.8 吨。它的主要组件是 F-1 发动机支持配件，包括推力环上、下组件，F-1 发动机的 5 个推力杆，4 个固定杆和中央发动机支撑梁。5 个中间圆周环和面板蒙皮组成推力结构的其余部分。5 个推力杆起发动机附着点的作用。4 个外部推力杆是组装后外推力结构蒙皮不可或缺的一部分。中央发动机支撑组件为十字架结构，中心推力杆在级的中心线上。推力结构的大部分由高强度 7178 铝合金制造。中央发动机推力杆和大量的固定杆用锻造的 7079 铝合金加工。箭外推力杆底部尺寸为 0.91 米×1 米，至顶部逐渐缩减至 0.35 米×0.56 米，长度为 4.27 米。箭外推力杆用 7075-T6 铝固态坯料加工，是整个推力结构交货时间最长的项目。外侧F-1发动机成对安装在推力杆上，用螺栓固定在发动机常平座。

　　与F-1发动机相关的尾段推力结构还有其他的关键结构。底部隔热板由不锈钢蜂窝板覆盖保温，装在F-1发动机常平座的正前方，为其上面的所有发动机和级组件提供保护。这些隔热板是永久固定的，在每个象限有检修板，以提供推力结构内部区域检修通道。柔性热幕帘安装在推进剂管路接口周围，填充隔热板空隙。4台F-1发动机整流罩防热罩有弯曲的防热板，防热板布置在从整流罩后缘到底部热屏蔽交叉点的内表面上。

　　（5）S-ⅠC运输车

　　组装后，需要采取较方便的办法将S-ⅠC运输到各种测试设施，并最终运到KSC。设计S-ⅠC运输车的任务落到MSFC测试实验室。该实验室决定使用一对大的台车支撑级的两端。前台车具有适当强度的框架，每一侧有4个二轮卡车，总共有16个充气轮胎。该卡车可液压转向，并能够转动90度做横向运动。后台车每一侧有2个二轮卡车，有8个充气轮胎，也可转动90度做横向运动。运输车用改良的陆军M-26坦克牵引。1963年8月，MSFC获得了建设两量运输车的合同。这在首批几个S-ⅠC的装配中起了关键作用，在MAF的垂直装配大楼的工作完成前，需要对这些级做水平处理。

　　（6）S-ⅠC在MSFC和MAF的制造

　　选择波音公司为S-ⅠC的主承包商后，1961年12月，签署了生产合同。在S-ⅠC的细节和工装的设计制造与生产方面，波音与MSFC合作。工装计划在波音公司堪萨斯州威奇托的设施上制造。波音公司在亨茨维尔工业中心大厦设立了办事处。需要有数百人支持波音公司土星Ⅴ号运载火箭巨大的第一级的工作，包括设计师、制图员、工程师等。到1962年中期，除了600人在其自己的亨茨维尔办事处工作外，公司在MSFC还有近500名工作人员。为生产S-ⅠC，MAF一旦成立，该公司将有超过400人在那里工作。但在两

图 6-17　在 MAF，将装配的 S-ⅠC 装载到 S-ⅠC 运输车上（NASA）

个非飞行级和前两个飞行级的建设中，MSFC 发挥了至关重要的作用。MAF 在开始生产经营前的 S-ⅠC 计划阶段，对于 MSFC "土星Ⅴ号运载火箭助推器确实要做好飞行准备" 的决定也是很关键的。

波音公司和 MSFC 的人员在亨茨维尔的协同合作，证明对计划是非常有益的。在 MSFC 制造的第一个 S-IC 分部是尾部样机，F-1 发动机样机和 F-1 测试发动机将装配其中，以验证整体配合，校正推进剂输送管路、缆线接口和必要的间隙。

　　在 MSFC 制造的首枚 S-IC 是 S-IC-T。它制造于 1964—1965 年年初，于 1965 年 3 月安装在 S-IC 测试台，当时 F-1 发动机处于垂直布局。MSFC 建造的第二个 S-IC 是 S-IC-S，称为结构测试级，也制造于 1954—1965 年。结构和推进系统试验台点火试验始于 1965 年 4 月，其诸多单个部件进行了一些特定测试。1967 年它继续用于结构测试。第一枚飞行级，命名为 S-IC-1，于 1964 年开始装配。推力结构由波音公司在 MAF 建造，并运到 MSFC。1965 年 8 月，工程师们用两周时间将五台 F-1 发动机水平安装在制造工程实验室。S-IC-1 于当年年底完成，并于 1966 年 1 月进行制造后检测。S-IC-2 在 MSFC 的装配工作始于 1965 年年初。推进剂贮箱、推力结构、级间贮箱和前裙的制造以及级的装配在 1965 年按计划进行。按照每天一台的速度，将 5 台 F-1 发动机装配到推力结构，发动机于 12 月 11 日装配结束，但在 1966 年 4 月，发现发动机液压油被污染，于是不得不进行拆除、清理和重新安装。

　　1961 年 9 月 7 日，NASA 选择路易斯安那州新奥尔良外的米楚德军工厂为 MAF，用于装配 S-IC。米楚德军工厂在二战期间制造军火，在朝鲜战争期间，克莱斯勒用其制造坦克发动机。而波音公司对其改造后将其用于制造 S-IC。S-I 和 S-IB 也在此制造。波音公司与洛克达因公司和 S-IC 的其他分包商合作设计 S-IC 的生产流程和制造后的检测。MAF 制造的第一个 S-IC 是 S-IC-D，也叫动态测试级。虽然是非飞行级，但对于各种负载和压力条件下 S-IC 的结构完整性检查来说，这是至关重要的。1964 年 4 月，波音公司开始制造零部件，但因为需要对制造程序进行验证，并在某些情况下做出改变，装配工作持续了一年多。直到 1965 年 6 月，级的制造工作才基本完成。装配了 1 台 F-1 发动机和 4 台 F-1 发动

图 6-18　S-ⅠC-D 动态测试级是 MAF 生产的第一个 S-ⅠC，
它有一个 F-1 发动机和四个包络样机（NASA）

图 6-19　前两枚 S-IC 飞行级均在 MSFC 装配、测试。第三枚在 MAF 装配，
在 MSFC 测试。后来的所有 S-IC 都在 MAF 制造，装上驳船（如图所示），
运往 MTF 进行测试（NASA）

机包络布局样机。在过去几年中，样机在许多测试中使用，获得了
级的重要信息。后来将样机捐赠给亨茨维尔的阿拉巴马太空与火箭
中心，现在是室内土星Ⅴ号运载火箭展览的一部分。MAF 制造的第
二个非飞行级是 S-IC-F，它是用作设施检测的飞行器。制造工作
始于 1964 年，于 1965 年年末完成。1965 年 10 月，1 台 F-1 样机
发动机因安装工具发生了轻微损坏，该安装工具用于校准并将 F-1
安装到 S-IC 推力结构。更改了安装工具以确保生产的发动机不能
受损。与 S-IC-D 一样，此级也是 1 台 F-1 发动机和 4 台 F-1
发动机包络布局的样机。1965 年 11 月生产并检查后，该级于 1966
年 1 月用驳船运到 KSC。1966 年 3 月运至装配大楼，安装在一个移
动发射平台上。5 月 25 日，装配好的 500-F 土星Ⅴ号运载火箭被运
到 39A 发射台，验证移动发射器方案。

　　在 MAF 组装的第一个 S-ⅠC 飞行级是 S-ⅠC-3。装配从 1964 年秋天开始，一年后大致完成。装配 S-ⅠC-4 的工作始于 1965 年春天，波音公司建立了剩余飞行级分阶段的级装配时间表。S-ⅠC-12 是载人阿波罗登月任务——阿波罗 17 号——的最后飞行级。S-ⅠC-13 用于发射天空实验室。S-ⅠC-14 从未飞行过，现在被放置在休斯敦约翰逊航天中心的土星Ⅴ号运载火箭室内陈列馆。虽然 S-ⅠC-15 在密西西比的试验设施进行过热试，但后来返回 MAF，现在它公开展出，是 NASA 和承包商团队努力使土星Ⅴ号运载火箭计划取得圆满成功的制造技能的见证。

第 7 章 F-1 发动机及 S-ⅠC 级试验

阿波罗计划要求 NASA 以惊人的规模发展工程、制造、测试和发射设施。支持该计划的土木工程建设项目，改变了美国的工业景观。设施的设计不局限于阿波罗计划，也为美国载人航天计划的长远前景着想。事实上，许多设施仍用于星座项目。在加州洛克达因公司的圣苏珊娜野外实验室、加利福尼亚州的爱德华兹空军基地实验室的爱德华兹野外实验室和阿拉巴马州亨茨维尔的 MSFC，建有测试 F-1 火箭发动机及其组件的设施。土星 V 号运载火箭的 S-ⅠC 级包含 5 台 F-1 发动机。第一级的研制、飞行级 S-ⅠC-1 和 S-ⅠC-2 的验收试验在 MSFC 和 NASA 的密西西比测试工作部完成，密西西比测试工作部随后改名为密西西比测试厂（MTF），后又更名为国家太空技术实验室，并最终定名为斯坦尼斯太空中心。所有后续的 S-ⅠC 飞行级都在路易斯安那州新奥尔良附近的 MAF 制造，而热试则在 MSFC 和 MTF 进行。本章介绍了每个设施的建设历程及在其上进行的试验，而不是按照阿波罗计划的时间顺序介绍这些事件。

7.1 圣苏珊娜野外实验室试验设施

1949 年，NAA 公司在加利福尼亚州圣苏珊娜西米山开始建造其第一个火箭发动机试验台，以支持纳瓦霍计划。这个试验场最初称为推进野外实验室，后来更名为圣苏珊娜野外实验室。

厄尼·巴雷特在 1946 年加入该公司，他不仅是第一个垂直试验台（VTS-1 试验台）的设计工程师之一，而且参与了在那里进行的许多试验。2007 年，他告诉笔者：

　　第一个试验台由我、道格·克罗斯兰、约翰·芬格等人负责建设。我们的第一个试验台定位方式是由约翰·芬格和我驾驶一辆吉普车，在车后面放置 50 加仑的圆桶。我们站在将来控制中心的位置上，我指着远处说："那儿放一只圆桶，那儿放一只圆桶，那儿放一只圆桶。"这种方法有点简陋，但是有用。

图 7-1　洛克达因公司圣苏珊娜野外实验室用于 F-1 发动机涡轮泵试验的布拉沃 Ⅱ 号试验台，照片摄于 1962 年 4 月 16 日，工人完成涡轮泵 R014 安装（洛克达因公司，弗兰克·斯图尔特藏品）

美军知悉苏联第一枚洲际弹道导弹试验，但属于机密。直到 1957 年 10 月 4 日发射人造地球卫星时，才被公众知晓。事实上，苏联拥有这样一型强大的火箭刺激了洛克达因公司扩大其圣苏珊娜设施。该试验设施可支持宇宙神、丘比特、红石和雷神导弹的推进计划。该试验设施建立了 6 个专业试验组，分别是碗、峡谷、阿尔法、布拉沃、可可和三角洲，包括 18 个大型热试验台，拥有 60 个测试工位的 5 个组件实验室，以及先进的推进系统试验设施。还为纳瓦霍和以后的其他发动机建造了一个水平试验台（事实上，与水平线夹角为 30 度）。组件测试实验室Ⅰ建于 20 世纪 50 年代中期，以支持对火箭发动机的燃气发生器、涡轮泵、诱导轮、轴承和密封件进行试验。该试验设施还增设了其他三个组件测试实验室，以支持双子座、阿波罗和无人太空等多项计划。20 世纪 60 年代，圣苏珊娜野外实验室雇佣人数多达 6 000，设施经常日以继夜地使用。E-1 发动机试验在布拉沃和三角洲试验台进行。F-1 发动机推力室、涡轮泵、燃料和氧化剂的阀门、高压管道、燃气发生器、换热器和其他元件的试验在各种设施上进行。F-1 发动机前身称为"金刚"，在布拉沃试验台上进行试验。尽管持续时间短的 F-1 发动机推力室试验主要在布拉沃试验台上进行，由但于噪声太大且距离房子过近，该发动机全推力、持续时间长的试验不能在圣苏珊娜野外实验室进行，而要在爱德华兹野外实验室进行。在整个发动机项目期间，F-1 发动机组件试验一直在圣苏珊娜野外实验室进行。

如同普通的密集测试程序一样，曾在圣苏珊娜野外实验室工作的人们会时常想起 20 世纪 50—60 年代他们生命中最好和最有价值的那段岁月。那段岁月里，人们工作时间很长，在繁忙的研制和验收试验期间，经常没有休息日。每个人都知道，他们是真实历史和重大事件的一部分。1997 年，克莱门特·切奇卡（威廉·切奇卡的弟弟）告诉《洛杉矶时报》记者："我们只是一群孩子，业务对我们来说都是新的，我们渴望了解世界。工作期间的情谊是令人难以置信的。"

7.2　爱德华兹野外实验室

考虑到圣苏珊娜野外实验室不能承担 F-1 发动机的长程、全推力试验，NASA、洛克达因公司和空军认为爱德华兹野外实验室（有时简称为爱德华兹火箭基地，位于加州沙漠深处）是最合适的试验地点。1-A 试验台由美国陆军工程部队的洛杉矶区队承建，于 1957 年 3 月，在空军远程宇宙神导弹试验时启用。最初额定推力高达 100 万磅。一台宇宙神发动机进行静态试验时爆炸，部分钢制上层建筑被摧毁。后来，该试验台改建用于 F-1 发动机研制和验收试验。早在 1959 年，陆军工程兵部队就在高级研究计划局和 NASA 的指导下，与洛克达因公司协商，并为 1-B 双工位试验台提供了设计支持和建设服务。

但是，对于 F-1 发动机积极的试验进度安排，单靠这些设施是不够的。除了研制试验台外，NASA 还需要 F-1 发动机产品验收试验台。1961 年 10 月，NASA 指导陆军工程兵部队制订了爱德华兹野外实验室的三个新试验台场地的初步规划和设计标准，包括一个控制中心和全部相关设施。试验台分别命名为 1-C、1-D 和 1-E。工程兵选择洛杉矶的拉尔夫·帕森斯公司为主建筑商。洛克达因公司设施工程组和试验分部提供了试验台管道布线、推力系统、火焰导流板、仪器仪表和操作的设计标准与输入条件。拉里·斯科格斯坦登是该公司的首席设施工程师，由他任项目经理，阿特·E. 穆尔任联络代表，吉姆·A. 鲍曼任项目工程师，R.F. 比尔勒任项目设计师。该工程于 1962 年 1 月开始设计，3 月开始初步现场勘查，1962 年 6 月 20 日前完成所有设计和工程阶段，该结果与 1-B 类似。该规范包括每个试验台的上层建筑、控制楼、仪器仪表调试、电气支持建筑、试验前准备建筑、观察掩体和地面及地下的推进剂供应系统。工程兵部队设计了所有开凿工作以及进入验收试验综合楼的通路，还提供了取水井和供水管线的设计，以供应 F-1 发动机热试

图 7-2　1962 年 11 月 9 日安装在洛克达因公司 5 号组件实验室上的
燃料泵模型 1（洛克达因公司，弗兰克·斯图尔特藏品）

验时试验台所需要的冷却水。三个试验台的建设几乎同时开始。该
计划定于 1963 年 10 月完成第一个试验台及其设施的建设工作，其
他 2 个试验台分别在 2 个月和 4 个月后建成。当时，新设施的总成
本估计为 3 000 万美元。

1-C、1-D 和 1-E 试验台间距约 100 码，额定推力为 250 万
磅，三个试验台采用相同设计。钢筋混凝土基座用 1 万立方码的混
凝土浇注制成，边长分别为 100 英尺和 150 英尺，从混凝土基座的
底部到移动式起重机的顶部，高度大约 175 英尺。在钢制上层建筑
顶部的是球形推进剂贮箱。RP-1 油箱容量为 65 000 加仑，液氧罐
容量为 90 000 加仑。液氧罐有真空夹套，以尽量减少液氧蒸发，液
氧保持在 -297 华氏度。此外，每个试验台有一些氮气贮罐，容积为

图 7-3　1962 年 11 月 12 日，F-1 发动机换热器在洛克达因公司的 3 号组件实验室进行试验（洛克达因公司，弗兰克·斯图尔特藏品）

2 400 立方英尺。RP-1 和液氧由罐车运抵爱德华兹野外实验室，卸载到一个可以存储 420 000 加仑 RP-1 和 670 000 加仑液氧的贮罐场，当试验需要时，用泵抽到试验台的推进剂贮罐里。液氧输送管道全程都有真空夹套。这些新试验台的特种设备包括记录 F-1 发动机推力的传感器。每个测力传感器，精确度为 0.5%。每个试验台也配有负载较小的传感器，记录发动机的侧向推力。每座试验台都有一个特殊的装置模拟运载器的"弹簧刚度"。在试验过程中，该设备给出了一个更准确的模拟飞行条件。在 1-E 试验台上，在 F-1 发动机的试验位置周围有环境室，可将发动机冷却至 0 华氏度，或加热到高达 130 华氏度。用于火焰导流板的水存储在中央垂直安装的圆柱形贮罐里，容量为 340 万加仑，由泵房通过直径为 2 米的管道送入每个试验台。较小贮罐的供液流量为每分钟 22 500 加仑，较大贮罐的供液流量为每分钟 100 000 加仑。冷却 F - 1 发动机火焰导流槽的水通过一些通道、集液池回收。由于曾经在该设施工作或参观的人数众多，它逐渐以"火箭岭"的名字广为人知。

(1) 爱德华兹野外实验室的 F - 1 发动机试验

阿波罗计划的进度很紧迫，没过多久，爱德华兹野外实验室就并行地进行 F - 1 发动机的研制试验和产品验收试验。发动机产品及安装在 S - IC 上的发动机附加进行热点火试验，在 MSFC 和 MTF 进行。在爱德华兹进行的研制和生产验收试验是 NASA 和洛克达因公司之间合同协议的一部分，已在第 3 章中论及。

根据空军设施合同 AF33（600）- 26940，代号为 2A - 2 的第一个 F - 1 发动机推力室试验设施，于 1959 年开始建设，1960 年 1 月启用。1960 年 12 月，第一次使用 2A - 2 进行 F - 1 发动机推力室热点火试验。推力室试验没有使用涡轮泵，而是采用挤压供应。推进剂输送到大型、厚壁的立式地面贮罐里，采用高压输送到推力室。这些贮罐由 5 英寸厚的不锈钢板制成。因推进剂剂量有限，推力室试验为 15 秒。这种推力室试验达到最大推力是在 1961 年 4 月 6 日，测定推力为 164 万磅。这个纪录一直保持到 F - 1A 发动机问世（将在第 9 章讨论）。在经历了多次成功的推力室试验后，1961 年 7 月进行了多次持续时间短、带喷管延伸段的完整 F - 1 发动机试验，1962 年 5 月 26 日，首次进行了发动机在 150 万磅满推力、飞行持续时间为 2.5 分钟的试验。

当接近最后组装时，发动机从洛克达因公司的卡诺加园区用卡车运抵爱德华兹野外实验室，并在那里安排试验。一旦到达，F - 1 发动机将安装在工装上，并通过能够使发动机横向移动、沿圆弧旋转 90 度、提升近 2 米的专门设计的处理设备，将发动机提升到试验台的位置上。F - 1 发动机的常平座组件被固定在试验台的安装块上，并安装发动机试验时驱动常平座的液压制动器。最后，连接推进

图 7-4　F-1 发动机推力室试验在爱德华兹野外实验室 2-A 试验台进行，
2-A 试验台也称水平试验台（洛克达因公司，文斯·惠洛克藏品）

图 7-5　F-1 发动机研制和生产验收试验台站建于爱德华兹野外实验室，
照片显示的两个试验台都在火箭岭（洛克达因公司，文斯·惠洛克藏品）

图 7-6　1962 年 7 月 9 日，研制序号为 007 的 F-1 发动机在 1-A 试验台上，注意换热器排气集合器构型与以后设计的比较

（洛克达因公司，弗兰克·斯图尔特藏品）

剂供应管线，连接所有的仪表电缆接头。每台发动机试验由首席试验工程师负责，在控制中心与他一起工作的有：助理试验工程师，作为试验指挥员，负责发动机仪表的一名工程师以及众多的研制工程师。领头的试验台工程师指挥的试验台团队由 7 个测试技工和 3 个仪表技工组成。该试验台团队在发动机测试开始前 15 分钟撤离试验台区域，进行倒计时前，每个人都必须点名。一个（或两个）团队成员将进驻附近有几英寸厚平板玻璃观察窗的防弹"碉堡"中的一个位置。控制中心人员通过闭路电视监控试验。如果发动机发生燃烧不稳定，一个特殊的传感器会检测到，并立即关闭发动机。如果发现任何其他类型的故障，邻近观察员会切断开关，结束试验。点火后，迅速到达主级工作时，F-1 发动机每秒消耗 2 吨液氧和 1 吨 RP-1。

（2）测试数据的采集和处理

F-1 发动机热试的目的在于收集不同参数的性能数据，以确定发动机额定性能和可靠性。发动机在试验过程中获得了大量数据。对于每次试验，这些数据都记录在控制中心多达 481 个通道中（平均为 350）。数据通过微波链路实时传送到洛克达因卡诺加园区，如需要，也会传送到洛杉矶地区的北美航空的其他三个数据处理中心。分析的结果在一个小时内通过微波返回试验现场，由研制和试验工程师进行评估。该公司拥有当时最先进的计算机。数据通道最大的单块存储在国家最先进的数字录音系统，模拟信号采样每秒 15 625 次并创建数字文件进行处理。与此同时，多通道的数据记录时间步长为 1/40 000 秒。这种高频率对于记录发动机推进剂燃烧过程中发生的无数事件是必要的。控制中心在实时监测中，通过各种仪器和曲线记录仪获得其他通道中等频率的数据。这些参数包括发动机推力、推进剂流量、燃烧现象、温度、压力、振动、侧向载荷和阀门工作状态。热试后，每台发动机被送回卡诺加园区，进行组件更换和其他纠正措施。在某些情况下，对发动机进行分解和检查。一旦完成整修工作，发动机将被发送回爱德华兹野外实验室进行进一步试验。

图 7－7　洛克达因公司的技术人员在爱德华兹野外实验室双位置试验台之一的
F－1 发动机上工作，发动机在有或者没有喷管延伸段的情况下进行试验，
图中不带喷管延伸段（洛克达因公司，NASA/MSFC）

MSFC F－1 发动机项目办公室的理查德·布朗告诉笔者：

实现所需可靠性采用的理念是，在各种条件下进行广泛的发动
机系统试验，如燃烧稳定性的"炸弹"试验、偏离名义混合比的试
验、涡轮的超速试验和在工作温度上下限情况下的各种试验。除了
研制试验外，还有正式的飞行鉴定程序和交付飞行发动机的生产验

收试验。确定发动机可以交付发射最基本的决定性参数，是在没有过早关机或发生硬件故障的条件下，发动机的热试验次数和累计的试验时间。在试验中有个插曲，冯·布劳恩博士关注到热试验速度太慢，对飞行发动机的可靠性没有信心。他去洛克达因公司找山姆·霍夫曼总裁谈他的关注点。他明确告诉霍夫曼先生："应该加快 F-1 发动机试验，否则我们无法准时准备好飞行。"这种高级管理人员之间的"聊天"，使试验速度提高了百分之三十到四十。经过约一年的实践，我们决定采用激励措施，也就是说，如果他们达到一定的试验速度，我们会支付额外费用，嗨！真想不到，试验速度大概又提高了百分之四十或百分之五十！

在那些日子里，我们没有足够的能力做今天我们用计算机做的分析和模拟。我们不得不做"海量"试验，也就是一些人所谓的属性测试，以验证发动机的飞行成熟度。这意味着我们要对发动机进行多次热试验，每次都测量属性，如室压、泵的转速和性能、燃烧稳定性、温度、流速和类似的一些属性。在研制计划的高潮，即在 1965—1966 年，我们每月平均进行 60～65 次试验。在 1966 年秋天，我们正式完成了飞行鉴定试验流程。完成鉴定流程前一年，我认为我们可以进行大约 800 次试验。在实现这样的试验速度上，洛克达因公司做了非常出色的工作。

我记得有一次，就赚取他们奖励费所需要的试验速度问题，我们进行了艰难的谈判。我们去洛克达因公司好几个来回，终于同意了试验次数。他们的助理项目经理多米尼克·圣杰尼，在谈判结束时说："你们意识到了没有，这些试验所需的所有液氧都来自洛杉矶，以致我们的液氧罐车要从洛杉矶一辆一辆运到火箭岭？"当时，我们没有认真对待他的话。此后不久的某天，当我坐在办公室时，我们在爱德华兹的驻地工程师之一——J. M. 史密斯打电话过来，他呵呵一笑，大意说："我熟悉火箭岭。我向西边看时，有许多液氧罐车开过来——我看到一列车队，只要我能看多远它就有多长。看起来敦·圣杰尼是正确的。我们必须把南加州所有液氧弄到这里来。"

在另一个场合有人告诉我，当一个卡车司机拉来并卸载了他的液氧时，正好有一台发动机点火。点火后，他问了试验人员一句："经历多少次试验可以用完一车？"试验工程师说："一台发动机点火，像你这样的卡车装载量，需要 11 车或 12 车。"有人说，司机看起来很惊讶，也许是有点莫名其妙。

图 7－8　在爱德华兹野外实验室 1－A 试验台进行的无喷管延伸段的
F－1 发动机热试（洛克达因公司，爱德华兹空军基地历史办公室）

7.3　在 MSFC 的试验

MSFC 的测试实验室是从 ABMA 时期带来的。除了红石和丘比特导弹发动机试验设施，还有用于试验土星 I 号运载火箭的 H-1 发动机簇的试验台。高级研究计划局（DARPA）发出了单级的土星 I 号运载火箭合同，跟随其后的是多级的土星 I 号运载火箭补充合同。1958 年 12 月 11 日，DARPA 订单 47～59 号授权在亨茨维尔的陆军军械导弹司令部设计、构建和改造建成于 1951 年的试验塔，用于丘比特试验。1959 年 1 月 14 日，ABMA 启动了土星 I 号运载火箭静态试验台的建设。试验台在当年晚些时候建成，高 177 英尺。这是一个双工位试验台，东侧测试 S-I，西侧测试紧随其后的 S-IB。

（1）F-1 单台发动机试验台的建设

在 F-1 单台发动机专用热点火静态试验台设计和建造期间，为了能够在 MSFC 进行 F-1 发动机早期试验，1963 年 2 月，开始改造土星 I 号运载火箭试验台西侧，以接受 F-1 发动机试验。在这个改造后的双工位试验台进行的 F-1 发动机第一次热点火试验的时间是 1963 年 12 月 3 日，持续了 1.25 秒。彻底检查发动机后，第二次热点火持续时间为 10 秒。专用的 F-1 发动机试验台于 1964 年 9 月完成。地基面积 4 600 平方英尺，高 239 英尺，其基础固定在基岩地面下方大约 40 英尺。额定推力为 150 万磅，但经过改造后可达 300 万磅。所有的测试需求都由"西区碉堡（控制中心）"提供。导流板由流量每分钟 135 000 加仑的水冷却。高架起重机的起重能力为 100 吨。MSFC 还有 F-1 发动机部件试验台，包括一个涡轮泵试验台。

威廉·姆拉泽克博士任推进与运载器工程实验室主任，赫尔曼·魏登尔任副主任。汉斯·保罗任实验室 F-1 发动机推进部经理。罗恩·布莱索任该部的 F-1 发动机项目工程师，负责协调 F-1 发动机在 MSFC 试验的工程输入。他生动地回忆起与他打交道的测试实验室人员：

测试实验室的人员不讲情面，卡尔·海因伯格在阿波罗那些日子任实验室主任，他甚至不让土星 V 号运载火箭项目办公室的经理亚瑟·鲁道夫博士在那里观看试验。海因伯格告诉鲁道夫："如果你没有合理的理由，我不希望你在这里。"鲁道夫说："我只想观看试验。"而海因伯格回应说，"我会告诉你试验状况！"

F-1 发动机项目办公室还设有可靠性工程师，正如理查德·布朗回忆时说的：

有 3 个可靠性工程师分配给 F-1 发动机项目办公室。他们监测试验结果，并进行可靠性计算。他们的工作还有助于我们保持对实现可靠的、载人发动机的全部进程的可视性。他们是伍迪·邦贝尔达、哈尔·斯坦伯格和锡德·利希曼……他们查看 F-1 发动机所有的部件和发动机系统的试验数据，并在主要的交织运行图表上标明成功、失败和过早关机的信息。他们从承包商那里收到组件和发动机系统试验失败和过早关机方面的报告，对其原因和故障模式进行归类。他们用这种信息来预测发动机的成熟度。我们关注的是，为了使过早关机概率尽可能接近零，如何隔离任何潜在的问题，并获得发动机过早关机与试验次数和秒数的关系。

（2）S-IC 级静态试验台

MSFC 需要从 5 台 F-1 发动机点火到整个主级工作后关机这段时间，对土星 V 号运载火箭第一级 S-IC 进行全方位的能力试验。此外，试验必须对 S-IC 上其他系统的性能进行验证，并做出任何必要的设计变更。测试实验室颁发了 S-IC 的静态试验台的设计要求。亨茨维尔的布朗工程公司为 MSFC 提供了工程和设计支持。加利福尼亚州旧金山的民用工程建筑公司获得了合同，负责建设大规模的四个柱型混凝土地基，基础深入到地下 40 英尺的基石里。1962年 8 月 31 日，发布制造上层建筑的合同。建筑由陆军工程兵部队移动区队负责监督。到 1963 年 7 月，完成了试验台的混凝土建设部分，

图 7-9 F-1 发动机点火和 S-ⅠC 级在高层大气动力飞行时的绝热防护
（洛克达因公司，桑尼·莫利亚藏品）

图 7–10　1963 年 9 月 28 日，F–1 发动机第一台产品 F–1001，
由卡车运送到爱德华兹火箭试验基地的试验台 1–B–2 进行验收试验
（洛克达因公司，哈罗德·C. 霍尔藏品）

并开始构建钢制的上层建筑。该试验台能够承受 1 200 万磅（近 54 兆牛）的推力。由于顶部有起重机，试验台升高了 122 米。大型贮罐设在地面上，小型贮罐则放在试验台上，给火箭级供应液氧和 RP-1。钢制火焰导流板冷却水用泵从田纳西河抽取并保存在贮罐里。试验台于 1964 年完工，成本为 3 000 万美元，用于试验 S-ⅠC-T 研究性的非飞行级，以及几个飞行级。

卡尔·亨伯格是测试实验室的主任。1960 年，他任命早期在 ABMA 从事导弹和火箭试验的老战士哈里·斯通为土星Ⅰ号运载火箭的试验主任，并从 1964 年开始，成为土星Ⅴ号运载火箭 S-ⅠC 的试验主任。乔·伦迪、约翰·芬克豪、罗恩·蒂普尔、泽恩·蒙克、埃尔·多利、汤姆·沙纳、卡尔·富勒、约翰·奥多姆和弗雷德·坎宁安为从事 F-1 发动机系统安装、检验和操作的工程师和技术人员。康妮·科尔曼、亨利·费列尔和鲍勃·克里斯迪安是其中的仪表工程师。洛克达因公司在 MSFC 的测试实验室、制造和质量实验室设有工程办公室，以便在 MSFC 与洛克达因公司之间提供技术联系。正如文斯·惠洛克所指出的，该公司在 MSFC 的驻地经理，协助 NASA 处理圣苏珊娜野外实验室和爱德华兹野外实验室试验的遗留问题和实施过程中的变化。洛克达因公司在 MSFC 的驻地机构的服务功能是积极的，他们不仅提供配置，还经营 F-1 发动机硬件的 4 个仓储，甚至可以订购备件、组装并测试两台 F-1 备用发动机。

（3）S-ⅠC-T 级试验

MSFC 和波音公司制造静态试验级 S-ⅠC-T 的目的在于验证级与 F-1 发动机、级与试验台之间接口的兼容性。S-ⅠC-T 于 1965 年 3 月 1 日运抵试验台，没有安装 F-1 发动机和抽吸导管。第一次静态点火试验最初的进度设想为 6 月 15 日，但约翰斯通和他的团队安装发动机、推进剂管道、电气和液压连接件，以及完成系统检查比计划提前了 9 周，使第一次试验得以在 4 月 9 日进行。该 F-1 发动机单机试验也不是没有问题，但都是在预期内的。不过，有一

图 7-11　美国空军 C-133 货运王被用来交付 F-1 发动机到 MSFC

（洛克达因公司，文斯·惠洛克藏品）

个令人毛骨悚然的发现。正如哈利·约翰斯通许多年后写道：

　　关机是由一个监测器不经意做出的。我们将计数器复位，并在两个半小时后点火。这次关机是由主燃料阀 1 号安全电路引起的，电路显示阀门是关闭的，但实际上它是打开的。试验后我们发现，连接发动机推力结构与常平座的 8 颗螺栓之中的 4 颗已经断裂。原因是螺栓的材料用错了。如果再断一颗螺栓，F-1 发动机很可能从火箭级上掉下来，很可能就发生了灾难性的后果，紧接着发生起火和爆炸。1965 年 4 月 16 日，我们在火箭级上进行了 5 台 F-1 发动机 750 万磅推力的静态试验，在当时是世界上最大的，比计划提前了两个月。

　　S-I C-T 第一次 5 台发动机点火试验持续了 6.5 秒。试验期间，记录了发动机和 S-I C-T 500 多个测量值。5 台 F-1 发动机在主级工作时发出的声音是在阿拉巴马州听过的最大响声，在数十千米外都能听得到。这是F-1发动机项目、土星Ⅴ号运载火箭计划和阿波罗计划中的一个里程碑。现场观看5台发动机同时点火试验的那些人，都被其威力所震撼。

正如洛克达因公司的F-1发动机项目经理助理多米尼克·圣杰尼所说的："这是我见过的最壮观的景象。在F-1发动机项目工作6年半后，看到第一个F-1发动机簇的试车是非常欣慰的。"

观察到这一景象的还有洛克达因公司现场工程办公室的文斯·惠洛克、威廉·兰斯，及其合同和建议办公室的詹姆斯·奥尔斯。这一时刻在美国火箭发射历史上如此闪耀，或许能与三位一体的原子弹试爆时刻媲美。1966年年初，在亨茨维尔静态点火成功15秒后，S-ⅠC-T运抵MTF，以验证那里的新试验台。值此之际，正如哈利·约翰斯通所写的：

我感谢和赞美世界上最伟大的团队实现这个伟大的里程碑。冯·布劳恩博士兴高采烈。在我身后有一个梦幻团队，我们没有理由不取得成功。我的团队全心全意为该计划工作，工作时间长、强度高，有时甚至面临着危险。在这里我想补充，为了激励我的工程师和技术人员，我们将双手堆叠在桌子上，一只在另一只上面，得出结论是，我们走到一起，都是为了实现我们的唯一目标，整个团队充满信心。

在MSFC进行了3次S-ⅠC飞行级的试验。前两个级是由MSFC和波音联合团队在MSFC制造的。1966年1月，S-ⅠC-1完成了制造后总检。1月24日，它被运送到静态试验台，提升到位置并固定。2月17日进行了第一次试验，仅41秒的时间满足所有的试验目的。2月25日进行了另外一次试验，但一个监视器显示红线读数出错，把工作时间83.2秒当作128秒，做出反应并结束了试验。不正确的读数被证明是由故障传感器引起的。分析结果后，认为全程试验没有必要。S-ⅠC-1经过MSFC实验室整修、一系列检验和检查，装上远洋驳船海运到KSC。它成为第一级AS-501，1967年11月9日作为无人阿波罗4号发射。

　　1966 年 5 月，S-ⅠC-2 安装在 MSFC 静态试验台上。1966 年
6 月 7 日第一次点火试验，历时 126.3 秒。然而，在此级上的一台
F-1 发动机即 F-4017，显示推力异常。分解下来后，进行检查、
整修并进行了另外三次单独试验，工作令人满意。同年 8 月，工程
师将其重新安装在 S-ⅠC-2 上。MSFC 数个实验室花了好几个月

图 7-12　MSFC 双工位土星Ⅰ号运载火箭试验台，1963 年改造后，在专用的
F-1 试验台完成之前用于 F-1 发动机试验（NASA/MSFC）

的时间进行火箭级的整修、检测和检验工作。1967 年 3 月，装上海神号，运到 KSC，并成为第一级 AS-502，作为无人阿波罗 6 号发射。

在 MAF 制造的第一个 S-ⅠC 是 S-ⅠC-3，它是在 MSFC 试验的最后一个级。它由驳船海神号从 MAF 运送到 MSFC 并在 1966 年 10 月 3 日放置在静态试验台上。1966 年 11 月 15 日，第一次试验时间为 121.7 秒。11 月 21 日，该级从试验台拆卸下来，返回 MAF。经过整修、办理工程变更单和进行系统检查后，NASA 接收并运送到 KSC，于 1967 年 12 月 27 日到达并存放。它成为第一级 AS-503，准备用于土星 V 号运载火箭第 3 次无人飞行试验，但计划被取消后，该运载器用于阿波罗 8 号首次载人任务，飞到了绕月轨道。

S-ⅠC 进一步的试验没有在 MSFC 进行。所有后续的火箭级都送往了 MTF。

7.4　密西西比测试站

1961 年，在对运载火箭和阿波罗飞到月球的模式进行研究期间，直接上升模式的运载火箭选用新星，由 8 台 F-1 发动机提供动力。由于亨茨维尔市民难以忍受第一级试验时的噪声，1961 年 6 月，NASA 和国防部进行联合研究，确定了进行登月运载器火箭级试验的场地。同时，NASA 必须决定该运载器制造和发射的地点。一个关键的要求是，第一级的生产、热试和发射设施位置之间应该比较靠近，并在海上有现成的入口。同年 8 月，NASA 宣布发射场位于佛罗里达州卡纳维拉尔角。9 月，选择了位于路易斯安那州海岸 MAF 附近的弃用国防工厂作为第一级的生产场地。对于热试验收试验设施，由 NASA 总部和 MSFC 的人员组成测试选址委员会，于 1961 年 8 月 7 日举行了会议。由于试验时会产生噪声，该场地必须远离人口密集地区，这意味着即使在内陆地区，它也必须有通向一条河的入口，使驳船可以将试验后的火箭级运回 MAF 进行改进或运往佛罗里达州。此外，气候要有利于全年试验。列表的潜在场地很快被削减到位于路易斯安那州、得克萨斯州、密西西比州和佛罗里达州的 6 个场所。经现场勘察，该委员会采用一种计分制度，选出密西西比州汉考克县沿着珠江 13 800 英亩的地方，作为主要的试验场地，该场地有约 128 000 英亩作为缓冲地带。8 月 26 日，该建议呈送给 NASA 局长詹姆斯·韦伯。10 月 25 日，该机构宣布了选择结果。许多人对该选择感到震惊。批评者指责该决定受到了密西西比州参议员约翰·C. 斯坦尼斯的影响。冯·布劳恩博士给《航空周刊》的编辑乔治·亚历山大的信写道，从长远来看选择珠江场地的深层次理由是，这个设施不仅可以试验现行的火箭，也可用于未来 25 年至 50 年需要的更大运载器，这意味着，该设施会设计成具有 2 000 万磅的推力量级。

（1）密西西比测试站试验台建设

NASA 再次选择美国陆军工程部队执行大规模的土木工程项目——最初被称为密西西比试验场，但在 1965 年改为密西西比测试站。第一步是获得私人所有的土地，无论是个人还是组织的。通知土地所有者补偿他们土地的意向，这个过程是必要的，但过程较困难是可以理解的。有些家庭持有的土地已经经历几代人，他们舍不得离开。居民必须迁移的原因很简单，试验区中的噪声高达 125 分贝，这将是致命的，甚至缓冲区的 110 分贝也会危害健康。事实上，低频压力波甚至可以摧毁建筑物。出于这个原因，许多家庭迁往该县的其他地区。1963 年，NASA 聘请密苏里州圣路易斯的斯维德鲁普包裹及联营公司，进行总体规划和建筑设计。在 NASA 的各个中心里，MSFC 是协助其管理组织最积极的参与者。驳船入口水路网络为规划的第一要务，并在超过 20 千米的珠江挖至所需的深度和宽度。在密西西比测试站内还挖出 10 多千米的运河，建造船闸系统以能进入珠江。陆军工程部队在 NASA 和其他人员的临时工作地 Rouchon 别墅附近（前身为一家旅馆的赛普拉斯大楼）成立了自己的临时办事处。

当 NASA 选择了土星Ⅴ号运载火箭发射阿波罗时，在密西西比测试站里建造了第二级 S‒Ⅱ 的试验台 A‒1 和 A‒2,第一级 S‒ⅠC 的双工位试验台 B‒1 和 B‒2。后者使用超过 1 500 条、各 30 米长的钢桩固定,高 124 米。

(2) 在密西西比测试站进行的 S‒ⅠC 试验

在 MAF 和 MTF,洛克达因公司承担驻地营运工程、技术人员和质量管理职责,能够承接 F‒1 发动机和 S‒ⅠC 加工过程中的手头工作。这支团队由罗斯科·尼科尔森领导,他在 MSFC 创立初期加入洛克达因公司,管理公司在 MAF 的业务,后来在 MTF 担任该角色。

1966 年 10 月 23 日,S‒ⅠC‒T 运抵密西西比测试站并存放,等待 B‒2 试验台就绪。12 月 17 日,该级被吊装到安装位置并固定在这一试验台上,此后,该级及其发动机和试验台,经历了几个月的检测。1967 年 3 月 3 日,第一次试验持续了 15.2 秒。3 月 17 日,第二次试验刚刚超过 60 秒,此试验验证了试验台 B‒2。3 月 24 日,该级被拆卸下来,并于 4 月用驳船海神号运送至 MSFC,在 MSFC 返回 S‒ⅠC 静态试验台进行最终试验,设置该试验的部分目的是培训 KSC 的发射人员。

在密西西比测试站进行验收热点火试验的 S‒ⅠC 首个飞行级是 S‒ⅠC‒4。该级于 1967 年 4 月通过驳船从 MAF 运来,并在试验台 B‒2 上进行了数周检测。5 月 15 日加注燃料后,于 5 月 16 日加注液氧,这是第一次试验的日子,5 台 F‒1 发动机咆哮着并运行了完整的持续时间 (125 秒)。在此试验期间有一些异常,但这不是关键问题。在该级点火后进行了彻底检查,并于 6 月 7 日从试验台拆下,装到驳船珠江号上运回 MAF 进行整修。

在 MAF 总检时确定了许多组件需要返工或更换,经新一轮的测试和检查后再进行存放。1967 年 11 月,波音公司提出了一些修改,并在 MAF 的第一级试验大楼再次进行了检查和系统测试。尽管 NASA 于 1968 年 3 月接收了该级,但不得不在当年晚些时候接受进一步的测试。1968 年 9 月 24 日,该级装上猎户座驳船终于离开了 MAF。S‒ⅠC 和 S‒Ⅱ 级由驳船运送,取道墨西哥湾,绕佛罗里达州

图 7 - 13　MSFC 西部试验区的 F - 1 发动机专用试验台在 F - 1 发动机的
整个研制计划周期内都在使用 （NASA/MSFC）

基韦斯特的最南端，沿东部沿海而上到达卡纳维拉尔角的港口，然后溯香蕉河而上到达 KSC 周转区码头卸下，装上陆路运输工具。S-ⅠC-4 于 9 月 30 日到达，成为第一级 SA-504，在阿波罗 9 号上发射。

1967 年 6 月 29 日，S-ⅠC-5 被固定到 B-2 试验台。经历了近两个月的多次初步点火试验和检测，8 月 25 日进行了持续时间超过 125 秒的测试试验。试验后检查发现，一台 F-1 发动机喉部热电偶和一只涡轮入口传感器损坏。9 月返回 MAF 进行整修，然后计划在 1967 年剩下的时间和 1968 年的大部分时间的存储期间进行改造。1968 年 11 月，装上猎户座驳船运送到 KSC。到达后，要进行新一

图 7-14　1965 年 3 月，在 MSFC S-ⅠC 静态试验台，洛克达因公司、波音公司和 MSFC 人员完成安装 S-ⅠC 外侧的第 4 台 F-1 发动机，准备下月进行整级试验（NASA/MSFC）

轮的检查和存储准备，等待时命名为 SA-505，随后在阿波罗 10 号上发射。

1968 年 3 月 1 日，S-ⅠC-6 搭乘珠江号驳船来到密西西比测试站。3 月 4 日安装在 B-2 试验台上，历经数月的检测和试验。最后，8 月 13 日，按计划点火 125 秒。所有（5 台）F-1 发动机都在性能参数范围内工作。由于引入 POGO 抑制系统，故该试验特别重要，该系统是 4 月 4 日发射的阿波罗 6 号遇到纵向振动后加入的。气检后，8 月 28 日返回 MAF 进行整修、改造和总检。1969 年 2 月 16 日，它被装上猎户座驳船，四天后到达 KSC。S-ⅠC-6 也许是历史上最著名的土星 V 号运载火箭第一级，因为它编号为 SA-506 并发射了阿波罗 11 号，完成了肯尼迪总统的人类降落在月球上的难巨任务。

S-ⅠC 被证明是一个可靠的助推器，这主要归功于精心的制造、细致的检查、有条不紊的测试和详尽的文档记录。

1968 年 9 月 12 日，S-ⅠC-7 从 MAF 运抵密西西比测试站，并安装在 B-2 试验台上。在持续的倒计时期间，发现燃料贮箱泄漏。该贮箱被排干并进行了泄漏故障排除。10 月 30 日，进行改期后的试验，按计划试验持续时间刚刚超过 125 秒。11 月 8 日，该级从试验台上拆下，第二天运回 MAF。1969 年 1 月下旬完成了整修和总检并临时存放，然后在 4 月 29 日装上猎户座驳船出发，前往 KSC。编号为 SA-507 并用于阿波罗 12 号发射。这次任务出现了一个奇怪的现象。经过了十年的巨大努力和不断提高的期盼，阿波罗 11 号在 1969 年 7 月 20 日实现了载人登月，这一成就不仅标志着这是美国最辉煌的时刻，还产生了一种虎头蛇尾的感觉，使公众的兴趣减弱了。然而，制造和测试土星 V 号运载火箭的那些人继续以他们的热情和职业精神准备着后续运载器的研发。

1968 年 10 月底，在 MAF 完成了 S-ⅠC-8 的装配和总检。11 月 13 日，运至密西西比测试站并安装在 B-2 试验台上。热点火试验在 12 月 18 日进行，持续时间为 125 秒。1969 年 1 月 3 日从试验台上拆下，当天运往 MAF。一如既往，包括计划中的整修、检验、测试和总检工作耗时数月。该级于 6 月 11 日启运，6 月 16 日抵达 KSC。该级编号为 SA-508，用于阿波罗 13 号发射。

1969 年 1 月 10 日，S-ⅠC-9 到达密西西比测试站 B-2 试验台，这是经历两年的制造、改造、测试和总检的结果——其实，对于每个这样的级，情况几乎是一样的。2 月 19 日，进行了全程 125 秒的热试车。试车后进行了检查并装上驳船，3 月 5 日返回 MAF，进行了整修和进一步静态非点火试验，然后存放。12 月，准备运往 KSC，1970 年 1 月 12 日抵达。仅仅过了一年后，该级编号为 SA-509，用于阿波罗 14 号发射。

任何时候，在 MAF 都有几个处于不同装配阶段的 S-ⅠC 级。随后的三个级在 1968 年 10 月就是这样的状况。1969 年 3 月的第一周，S-ⅠC-10 完成制造后进行总检，3 月 11 日被运至密西西比测试厂，第二天安装在 B-2 试验台上，虽然试验在 4 月 16 日进行了全程 125 秒，但其中一台 F-1 发动机的推力低于预期。5 月 2 日，该级被运至 MAF。对有问题的 F-1 发动机进行了检查和分析，并用鉴定过的备件发动机更换。在进行完整的级整修和总检后入库。1970 年 7 月 1 日启运，7 月 6 日抵达 KSC，对该级 F-1 发动机进行了重新标定，因为需要增加到月球的有效载荷，使登月舱和月球车能降落在月球上，并停留三天。通过调节系统，使海平面推力达到152.2 万磅，而原来的推力为 150 万磅。S-ⅠC-10 编号为 SA-510，用于阿波罗 15 号发射，这是第一次 J 级任务。

S-ⅠC-11 给了 NASA、波音公司和洛克达因公司一连串惊吓。该级于 1969 年 5 月在 MAF 完成工作，运到密西西比测试站，安装在 B-2 试验台上，几乎立刻就出现了一些问题，包括燃料系统泄漏。最后，点火试验安排在 6 月 29 日。点火时序展开，F-1 发动机平滑启动。但是，试验刚刚超过 96 秒，由于推力矢量控制的常平座供应管路燃料泄漏，发生了火灾，于是该级被关机，灭火系统将大火扑灭。从试验台上卸下该级后，发现两台发动机被火严重损坏，不

图 7-15　安装全部（5 台）F-1 发动机的 S-ⅠC 的第一次热试车
在 1965 年 4 月 16 日进行。MSFC 的 S-ⅠC 静态试验台，在运往
KSC 之前可进行研制和飞行级的鉴定试验（NASA/MSFC）

得不报废。其余发动机需要做彻底检查和整修。在 MAF，所有发动机从 S-ⅠC-11 拆下来，并用新的替换。但是，整个级维修和整修花了一年时间。1970 年 5 月 7 日，返回到密西西比测试站并安装在试验台上，6 月 25 日进行点火试验。由于液氧液面测量读数高，计划 125 秒的试验在 70 秒时暂停。尽管这样，因为所有其他的测试里程碑已经达到，所以决定不进行持续全程时间的点火。工程师找到了液氧液面测量读数高的原因，并在点火后总检和在 MAF 整修中进行排除，之后进行存放，然后运往 KSC，1971 年 9 月 17 日抵达。该级编号为 SA-511，用于发射阿波罗 16 号。尽管试验中出了点问题，但 S-ⅠC-11 在飞行中的表现堪称完美。

　　1969 年 6 月，S-ⅠC-12 在 MAF 完成制造后，于 7 月中旬运往密西西比测试站，并于 7 月 18 日安装在 B-2 试验台上，11 月 3 日的点火试验完美无缺。然后运往 MAF，于 11 月 19 日抵达。整修后存放至 1971 年 3 月，那时要进行附加的系统试验和最后装运准备。1972 年 5 月 6 日驳船离开 MAF 并于 5 天后抵达 KSC。S-ⅠC-12 编号为 SA-512，并用于发射阿波罗 17 号——最后的载人登月任务。

　　S-ⅠC-13 预期用于发射一艘阿波罗飞船，但预算削减限制了进一步的任务。然而，由于 1969 年 7 月做出的决定，需要一枚土星Ⅴ号运载火箭把美国的第一个空间站送入轨道，因此 S-ⅠC-13 被分配到天空实验室计划。1969 年 10 月完成制造后进行总检。11 月 20 日，该级运到密西西比测试站，并在四天后安装在 B-2 试验台上。它经历了初步的电池测试和推进剂加注，1970 年 2 月 6 日，静态试验按计划进行了 125 秒。该级返回 MAF 进行整修和测试。因为阿波罗计划的预算削减意味着任务发射率必须降低，天空实验室发射从 1972 年推迟到 1973 年。1972 年 7 月，S-ⅠC-13 由猎户座驳船运送到 KSC，10 个月后发射。

　　S-ⅠC-14 于 1969 年在 MAF 组装，1970 年 2 月完成了其制造后的总检。3 月 5 日运往密西西比测试站，并安装在 B-2 试验台上。

图 7-16　S-IC 在 MSFC 点火试验前、后，级及其 F-1 发动机
均由质量和可靠性保证实验室进行彻底检查（NASA/MSFC）

4 月 16 日的试验按计划完成。5 月 1 日该级从试验台上拆下来，返
回 MAF 进行总检和整修，然后再返回密西西比测试站进行非点火检
测，并于 1970 年 8 月存放。1971 年 1 月结束存放，返回 MAF 进行
系统测试和总检，这些工作在 1971 年 5 月完成，由于不需要运往
KSC，所以当即存放。最终运到休斯敦约翰逊航天中心并展出，配
有上面级和阿波罗飞船。由于暴露在室外，历经四分之一多世纪，
土星 V 号运载火箭已老化，2005 年经修缮后放置在专门的建筑物里。

图7-17　1967年3月，S-ⅠC起重吊装到密西西比测试厂的B-2试验台上。
土星Ⅴ号运载火箭第一级和第二级都在该设施上进行试验
（NASA/斯坦尼斯航天中心藏品）

　　S-ⅠC-15在1970年7月月底进行其制造后总检，在下一个月运送到密西西比测试站，8月17日安装在B-2试验台上。9月30日按计划热试125秒，后该级返回MAF进行总检，1971年3月完成整修。作为天空实验室任务的备份，以及后来可能用于发射天空实验室Ⅱ而存储（如果天空实验室Ⅱ能够得到资金）。随后，成为史密森博物馆的财产，但在MAF，它仍保留在原来的运输工具上，就是今天所在的位置，作为户外展示的一部分。

　　对于所有这些 S‐ⅠC，有一个方面备受指责：成功推动土星 Ⅴ 号运载火箭上面级后，每一次级分离后坠入大西洋，再入期间经历结构性破坏和冲击，级及其 F‐1 发动机变形，沉到海底，就是这些宏伟机器的最后归宿。

第 8 章　KSC 和阿波罗土星计划

1960 年 7 月 28 日和 29 日，NASA 在项目计划会议上正式宣布阿波罗计划的诞生。航天业高管聚集在华盛顿参加政府举办的这个具有重大工业意义的项目计划会议。会议讨论了将三名航天员送至月球的飞船研发细节、必备的运载火箭及现有项目的情况，并草拟了一份远景计划。然而，该项目工作进展与资金预算情况并不乐观。随后，1961 年 5 月 25 日，约翰·F. 肯尼迪总统在国会中提出在 60 年代末完成人类登月的目标，并将这项艰巨的任务视为民族发展的首要任务。他指出，虽然这项任务在技术上极具挑战，但是运载火箭的一级发动机，也就是洛克达因公司生产的 F-1 发动机，已处于研制阶段。

阿波罗计划极大影响了佛罗里达州中心居民的生活。次日，生活在卡纳维拉尔角、泰特斯威尔、墨尔本、棕榈湾、梅里特岛、可可和可可海滩的居民在当地报纸上看到了肯尼迪总统的演讲。这些小城镇共同构成了所谓的"太空海岸"。木星、宇宙神、大力神、雷神等导弹的发射使得当地居民意识到自己已成为太空时代的一部分。然而，真正引起他们注意的是早些时候载有航天员艾伦·B. 谢泼德的亚轨道飞行器的发射。20 世纪 70 年代阿波罗计划不可思议地改变了"太空海岸"中人们的生活。土星 V 号运载火箭在 525 英尺高的建筑物内准备就绪后，将被运至海滩上的水泥发射台。伴随着 F-1 发动机的轰鸣声，土星 V 号运载火箭在海滩上发射。由于阿波罗计划而涌入该地区的成千上万的人给这个地方取了一个名字，那就是美国月球火箭发射场。

图 8-1　库尔特·H. 德布斯博士，曾是水星、双子座和阿波罗计划的发射活动指挥官，土星 V 号运载火箭设备的主要设计师

8.1　发射综合设施配置

　　20 世纪 50 年代末和 60 年代初，人们在大型火箭的发射设备方面开展了诸多研究。其中一项研究提议在墨西哥湾建设类似于海上钻油作业平台的装置，并戏称之为得克萨斯塔。这个方案的优点在于不会使居民区暴露在强烈的噪声环境里，最终却由于诸多缺点而未被采用。

　　如何为大型运载火箭的发射做准备也是众多研究中的一个主题。土星 I 号运载火箭曾在发射台上装配并测试，然而这样会造成阿波罗计划进展缓慢，因此在一个特殊的结构里提前完成初步的装配和测试工作将会是更好的选择。发射行动指挥官库尔特·H. 德布斯博士是移动发射概念的主要缔造者。他提出火箭可以在室内可移动的火箭发射台上进行准备工作。1961 年，他与未来发射系统研究中心成员提森豪斯和特奥尔多·泼皮特见面并讨论了阿波罗大型发射台的基础设施要求。未来发射系统研究中心于 4 月展示了这项成果，即初级阶段的设备可以在装配和地面测试后由驳船运输至港湾，之后在一个大型的固定装置中进行下一步的装配，最终将可移动发射台运输至垂直放置的发射台上。成果中同样展示了关于近海装配与发射的研究。与冯·布劳恩博士讨论了这项成果之后，德布斯博士在4月底与副主席罗伯特·C.西曼斯先生见面。西曼斯先生充分肯定了该项准备工作，并认可了有关移动发射台概念的详细研究及其费用分析。然而，在阿波罗计划飞往月球的方案确定之后，针对大型土星甚至于更大的新星发射设施，仍需进行大量类似的研究。该重点项目由德布斯博士与金·雷顿·戴维斯少校指导。7月31日，《NASA载人登月计划设备与资源需求情况的联合报告》被呈递。该报告涵盖各型号的需求，包括各级使用液体推进剂的土星C-3运载火箭、采用固体推进剂助推器和液体上面级的土星运载火箭、各级为液体推进剂并且第一级为8台F-1发动机的新星运载火箭和采用固体推进剂助推器加液体上面级的新星运载火箭。同时评估了发射场的8种方案。这种新的装配与发射概念包括以下4个关键要素：

1）运载火箭的垂直装配工作需在一个可移动发射平台上进行，该平台位于一间大型建筑物内，并配有一座综合服务塔；

2）装配完毕的移动发射平台被运送至发射台，并在那里进行最终的检查和推进剂加注；

3）远程控制中心将进行发射任务的操控，发射台在该中心的观察范围内；

4）运载火箭的检查和发射倒计时将采用自动化手段。

德布斯于1961年夏创建了深空运载系统研究室，主要任务是确定飞行器装配大楼及其配套发射场的需求和相应的资金预算。罗科·彼得罗为该研究室主管，他配有两名助手，分别是J.P.克雷邦和威廉·克莱尔曼。他们时刻关注土星和新星的任务模式及改进的研究，并据此进行相应的优化调整。同时，NASA于8月宣布各项设施将在卡纳维拉尔角海湾进行建造。1961年年底，研究

图 8-2　1963 年，乔治·穆勒博士为约翰·F. 肯尼迪总统和 NASA 高管进行成果展示，展示地点位于 37 号发射场中为土星 I 号运载火箭配置的观察掩体内

决定，与 C-5 号运载火箭一样，给土星 C-4 号运载火箭增加第 5 台 F-1 发动机。1962 年 7 月，阿波罗计划宣布应用月球轨道会合方案。随着这项决定的宣布，美国月球火箭被重命名为土星 V 号。

　　除了德布斯和戴维斯的研究之外，发射行动指挥部也开展了多项有关运输方式的研究，以保证装载着运载火箭的发射平台的运输工作顺利进行。研究的运输方式有驳船、铁路和某种形式的履带。驳船是目前为止最昂贵的方案，其设计费与挖掘海湾的工程费总计约 2 000 万美元。由于火车曲线行驶时发动机较难控制，铁路运输的方案也面临着技术上的难题，且铁路路基的成本是公路的两倍，履带式运输可依附于大型土方设备的技术来完成。1962年 6 月，陆军工程部队发表了一篇报告，称梅里特岛是海湾中修建慢速路的最优地点。该月末，NASA 宣布履带式运输车为土星 V

号运载火箭的运输工具，为美国在该年代末实现登月计划开创了一个新的里程碑。

8.2　39 号发射综合设施

在 1962 年和 1963 年的一段时间，土星Ⅴ号运载火箭确定使用月球轨道会合方案，并在一个封闭装配大楼内的可移动运输装置上完成装配，针对关键部分的招标工作在几个月内纷纷展开。阿波罗计划的基础建设设施被命名为 39 号发射塔。1962 年 12 月 3 日，作为 NASA 指定的土木工程项目管理组织，美国陆军工程部队将有关火箭装配大楼的设计研究合同授予美国四家建筑公司，合同总额为 330 万美元。随后，与莫里森·努森公司、佩里尼公司和保罗·何德曼联合公司签订施工合同。若按体积计算，该火箭装配大楼将成为世界上最大的建筑。场地清理和地面准备工作始于 1962 年。来年完成了钢桩的打桩和混凝土地基的浇筑。钢架的施工始于 1964 年 1 月，随后工作进展得非常迅速。火箭装配大楼的竣工仪式（主体完工）在 1965 年 4 月举行。1963 年 11 月，梅里特岛的发射场被命名为肯尼迪航天中心，以此纪念被暗杀的曾鼓励民族登月的肯尼迪总统。

发射行动指挥部指出，需在火箭装配大楼附近建造一座发射控制中心，其建筑设计工作由纽约的 URSM 公司完成，施工方是建造火箭装配大楼的施工承包方。这个四层楼高的建筑长 115 米，宽 55 米，高 23.5 米。它不仅为阿波罗计划而设计，也考虑到了后续的载人计划。发射控制中心有 4 个发射间，工作人员面对的窗户朝向 39 号发射塔。这些窗户自上而下装有防护百叶窗，若不幸发生火箭爆炸，百叶窗能够在瞬间关闭，防止碎片飞入。这项工程于 1964 年 3 月开始，于 1965 年 12 月全面竣工。这座建筑的设计由内而外都非常引人瞩目，它荣获了 1965 年工业设计建筑奖。

图 8 - 3　1965 年，KSC 即将竣工的移动发射平台和旁边的发射控制塔

（1）地球上前所未有的机器

移动发射装置概念的核心是其前所未有的机器和结构。移动发射装置包括移动发射平台和发射控制塔两部分。在移动发射装置上，将进行土星 V 号运载火箭在装配大楼的装配、向发射台的运输、推进剂的加注和飞行器各级的监控。该建筑由佛罗里达州杰克逊维尔市的雷诺兹、史密斯和希尔斯设计。阿拉巴马州伯明翰市的英格尔斯铁工程公司完成了平台的搭建和发射控制塔的组装，阿拉巴马州亨茨维尔市的布朗工程公司负责设计塔上巨大的摇摆臂装置。1963年 7 月，三台移动发射装置中的第一台在 KSC 开工。第一台于 1964年 9 月竣工，第二台和第三台分别于 1964 年 12 月和 1965 年 3 月竣工。1963 年 12 月至 1965 年 3 月，佛罗里达州奥兰多市的史密斯和恩斯特完成了机电安装。摇摆臂装置由阿拉巴马州伯明翰市的贺氏

国际公司建造并安装。到 1967 年，地面支持设备由加利福尼亚州派拉蒙市的太平洋起重公司和锁具公司全程提供。

移动发射平台高 7.62 米，宽 41.15 米，长 48.77 米。其每面都有一个边长 13.7 米的方孔，使得土星Ⅴ号运载火箭的 5 台 F－1 发动机的废气迅速排放至下端的导流槽中。它的结构相当精确，部分钢结构厚度超过 15 厘米。在火箭装配大楼和发射台上，移动发射平台均置于 6 个底架上。在移动发射平台顶部有 4 个大型的压制装置，它们主要用来支撑和保护土星Ⅴ号运载火箭。发射控制塔下端至平台甲板上再到起重机顶端总高度为 121.5 米。塔上共有 9 个摇摆臂装置，第一个服务 S－ⅠC 级，第 9 个提供通往航天器的通道。塔顶端的起重机可承重 22.7 吨，围绕旋转轴水平可伸展 15.24 米。S－ⅠC 级的推进剂来自两个不同的地方。RP－1 存储在 3 个容积为325 450 升的容器中，它们距发射台 400 米。RP－1 将由泵抽至发射台，然后通过移动发射平台的连接管路送至 S－ⅠC 级。液氧来自一个直径为 21 米的低温槽，它通过一条 35 厘米的管线连接至移动发射平台，再通过塔后方的 1 号摇摆臂进入该级的液氧入口。其他摇摆臂装置为上面级提供服务。

在阿波罗计划的所有地面基础设施和硬件中，最令人惊讶的就是履带式运输车。它不仅可以完成移动发射平台在装配大楼和发射台间的运输，而且可以在土星Ⅴ号运载火箭被送至发射台之后对移动服务结构进行运送。在审查现有大型机器之后，NASA 把履带式运输车的设计制造任务合同委托给了俄亥俄州马里昂市的动力铲公司。两辆履带式运输车的装配工作始于 1963 年 3 月，每辆车长 40米，宽 34.5 米。为了承受基座的负载，每辆车都有 6 个液压千斤顶。它可以抬高斜坡中较低的那一端，通过这种方式不断调整，以保持平台水平。这个系统非常精确，甚至可以使土星Ⅴ号运载火箭在 10 分钟之内全程保持垂直。履带式运输车置于 4 辆卡车上，每辆卡车都由柴油发电机驱动牵引电机。履带式运输车有两条履带，每一条履带有 57 节，每一节重约 1 吨。履带式运输车在俄亥俄州试验

图 8-4　位于移动发射平台的四个大型牵制装置中的两个，在发射前保证
土星 V 号运载火箭 S-I C 级的固定，直至 5 台 F-1 发动机增至最大推力

后会被拆解，主要组件会海运至 KSC 并由承包方进行再装配。1965
年 1 月，第一台履带式运输车实现了自身驱动，于 7 月运输了一台
移动发射装置。不过，一旦车上发现金属碎片，轴承、滚轴和一些
相关组件都必须重新设计和修改，以保证其耐用性。两台履带式运
输车于 1966 年投入使用，它们经历了定期维护和整修，为美国的太
空计划服务了 40 多年，曾先后效力于阿波罗计划、天空实验室计划
和航天飞机计划，并将效力于星座计划。

　　（2）39 号发射塔的特殊设备和组件

　　地面维护设备或许会因为其不易被发现而被忽略，然而，它是
保护 39 号发射塔和控制土星 V 号运载火箭发射排气不可或缺的一部
分。F-1 发动机发射时会产生巨大的火焰、烟雾，并伴随压力和噪
声，这些都需要被适当地引导。在移动发射平台孔洞下方的混凝土

底板的火焰隔离槽中有一个巨大的导流板。隔离槽长 137 米，宽 17.7 米，深 12.8 米。墙壁和底部铺有耐火材料，可承受马赫数为 4 时 3 000 华氏度的火焰。隔离槽底部设有供导流板传送和定位的轨道。钢结构导流板又大又重，内有两个底部呈弧形的陡峭斜坡。导流板高度为 12.6 米，略小于隔离槽宽度，总质量为 590 吨，被柴油机车放置妥当后，由推力锁固定。发射平台共有两个导流板，若其中一个发生损坏，在下一次发射前会被更换。

F-1 发动机的排气会对移动发射装置中发射控制塔的摇摆臂装置产生破坏。为了缩小破坏范围，每个发射台都备有自己的供应水。在邻近 39B 发射台的慢速路上有一个泵站，以每分钟 45 000 加仑的速度将水从储水槽泵抽至移动发射装置的甲板、平台表面、隔离槽壁、火焰导流板和塔上的摇摆臂。这种"平台洪水"不仅可以缓解声激波，而且可以防止来自混凝土的反射伤害。发射台上的其他设备也需要被保护以防止发动机的损坏。三个 S-IC 级的尾端支柱会保持每一级与发射点的水、电、气和推进剂的中心连接。若是支柱的支点上移，或是支柱偏离飞行器接近于垂直状态，暴露在外的连接器会有保护帽覆在其端部。而且，一旦土星 V 号运载火箭发射，爆破罩会以四个压制装置为中心形成保护。

8.3 阿波罗土星 V 号运载火箭发射

为尽早启动土星 V 号运载火箭飞行任务，MSFC 建造了设备检验飞行器——土星 500-F，并将其通过船运至 KSC。在一级 S-IC-F 外侧，一面是一台 F-1 发动机实物模型，另一面是四个虚拟负载。1966 年 1 月 15 日，土星 500-F 离开 MAF，于 4 日后由波塞冬号驳船运至装配大楼附近的 KSC 回旋水域。S-II-F 于 1964 年由加利福尼亚州长岛的 NAA 公司开始组装，于 1962 年 2 月 20 日从海豹滩通过驳船运输，沿太平洋海岸南下，穿过巴拿马运河和墨西哥海湾，途经佛罗里达群岛直上亚特兰大海岸，最终于 3 月的第一周到达

KSC。S-ⅣB-F 于 1964 年由道格拉斯航空公司制造，并于 1965 年 6 月 10 日通过驳船运输至 KSC，抵达时间为 6 月 30 日。阿波罗指挥服务舱由北美航空公司提供，单独由飞机运送至 KSC。1966 年 3 月 15 日，500-F 在 1 号移动发射装置上开始装载，5 月 25 日从装配大楼运送至 39A 发射台。然而，当飓风 6 月来袭时，又被运回装配大楼放置了几日。在发射器重新运到发射台后，对其进行了数月的设备检查，包括推进剂加载和排水。在所有必要测试完成后，发射器于 1966 年 10 月 4 日被送回装配大楼，之后的几周便被分解。下一次在 1 号移动发射装置上装载的土星 Ⅴ 号运载火箭将具备飞行适应性。

（1）波音公司和洛克达因公司对土星 Ⅴ 号运载火箭发射的支持

在土星 Ⅴ 号运载火箭发射前，波音公司和洛克达因公司在 KSC 设有办事处，主要支持土星 Ⅴ 号运载火箭工作的开展。文斯·惠洛克向笔者回忆了当年这些公司在 KSC 的业务范围：

波音公司负责 F-1 发动机的整装和 S-ⅠC 级的发射处理任务。其中与 F-1 发动机有关的任务由洛克达因公司主管并提供支持。F-1 发动机的单机发射处理任务包括地面支持设备运行，主要由洛克达因公司的工作组承担。该组共有 16 名成员，包括工程师、技师和负责质量和供货的工作人员。工作组的领导是李·索里德，他是洛克达因公司驻 KSC 的基地经理。

在土星 Ⅴ 号运载火箭的常规发射中，每台发动机都有约 25 个操作和性能参数需要测量。这些参数大部分都在主飞行仪表系统中显示。该系统包括压力传感器、温度传感器、阀位指示器、流量测量装置、振动监测装置、配电接线盒和相关电线。

在土星 Ⅴ 号运载火箭飞离发射塔之前，KSC 为责任方。随后，由载人航天中心承接后续的飞行（入轨）和任务。在发射之后，MSFC 和洛克达因公司的工作人员立即进行了主要数据分析。后续对 F-1 发动机的原始数据分析会在 MSFC 进行，NASA 和洛克达因公司也参与分析。这样安排工作是因为 NASA 曾负责设计 F-1 发动机，洛克达因公司也参与设计，因此这两家公司在分析发动机飞行性能方面最具备技术资质。F-1 发动机详细的飞行数据总结会在 MSFC 举行，应邀参会的有 NASA 总部、载人航天中心和 KSC。

在垂直装配大楼的西边，洛克达因公司有一个 F-1 发动机和 J-2 发动机的合并车间。技术人员和检查人员在这个车间工作，里面配有工作台、专用试验设备、层流设备、J-2 发动机的管接件和小型地面支持设备。但是车间里无法容纳放置在处置台上的发动机，如果有工作需要在发动机处置台上完成，则在邻近的装配大楼进行。KSC 没有备用 F-1 发动机，如果需要更换，将从 MAF 运来。在 KSC 只是 S-ⅠC-3 上的 F-1 发动机（F-4023）更换过。

(2) SA-501 的发射

土星 V 号运载火箭首飞的各级发动机和其他组件于 1966 年 8 月陆续到达 KSC。S-ⅠC 级于 9 月 12 日到达，10 月 27 日在 1 号高棚厂房内的 1 号移动发射装置上被竖起。SA-501 的装配工作一直持续到 1967 年，完成后对其进行了数月严密的系统检查。8 月 26 日移至 39A 发射架，11 月 6 日开始最终倒计时，1967 年 11 月 9 日按原计划成功发射。尽管这是一次无人飞行，各大媒体代表仍纷纷涌至 KSC，前来报道专为美国航天员登月任务设计的土星 V 号运载火箭的首飞任务。事实上，这枚火箭由于其规模巨大，吸引了全国成千上万的人前来观看发射，他们前往现场的交通工具有露营车、房车、轿车、摩托车和卡车。从代托纳比奇到墨尔本的所有酒店都被订满。来自洛克达因公司、波音公司、道格拉斯公司、NAA 公司和它们的一些分承包商的工作人员也纷纷赶来，见证阿波罗计划这一重要的里程碑时刻。这次任务名为阿波罗 4 号，这是一次全面检查的测试飞行，不仅检查三级飞行器，也考验了阿波罗宇宙飞船和全球跟踪网。虽然两项计划外待命占用了倒计时的将近 4 小时，但是被 7.5 小时的计划内待命时间所弥补，所以火箭仍然按计划于早上 7 点准时发射。

图 8-5　KSC 的火箭装配大楼，设备检验飞行器 500-F 的 S-ⅠC 级在转移
通道进行装配。这发土星Ⅴ号运载火箭配有一台 F-1 外侧发动机模型，
其他位置配有四个虚拟负载

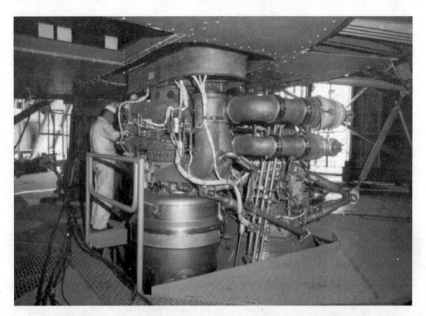

图 8-6　一名技术人员在工作台上检查设备检验飞行器
500-F 的 F-1 发动机模型

基本上 NASA 所有的高管都在发射控制中心，包括沃纳·冯·布劳恩博士、库尔特·德布斯博士和吉姆·墨菲。墨菲是土星V号运载火箭项目亚瑟·鲁道夫博士的副经理。当电影制片人马克·格雷为《伟大的土星》搜集视频资料时，墨菲回忆说：

我前去参观发射时，坐在冯·布劳恩博士的旁边，他说："吉姆，不如我们赶在发射前跑出去看吧，我想你一定不会反对的，而且我也想要这么做。"于是我们跑了出去，他说我一定会非常享受这个过程。随着一级发动机的点火起飞，750 万磅的推力伴随着前所未有的振动向我们袭来。它刺激着心跳加速，这种感觉从未有过，就像是与发动机合为一体一同发射的感觉，实在是太棒了。

首先点火的是中心发动机，其次是两个外侧发动机，最后是另外两个外侧发动机，这就是所谓的 1-2-2 级发动机点火。发射后，发射控制中心的技术人员欢呼雀跃。当 F-1 发动机喷管延伸段离开发射平台的上层甲板，偏航命令会使这枚 36 层楼高的火箭发生倾斜，以免其中一个摇摆臂复位延时。一旦火箭完全离开发射塔，发动机会重新回到垂直状态并持续上升。发动机刺耳的声音冲击了在场的所有人。洛克达因公司和波音公司的全体人员为 SA-501 的成功而欢呼，有不少人见证了这 6 年来的付出，努力终见成果，人们喜极而泣。组合动力为 1.8 亿马力的 F-1 发动机运行完美。中心发动机于 135.5 秒按程序关机。这是为了在其他发动机关机前减轻运载火箭、飞船和航天员的过载。外侧发动机于 150.8 秒关机，这时运载火箭高度为 63.7 千米，速度为 9 695 千米/小时。级分离发生在 151.4 秒，此时位于 S-ⅠC 级底部的固体制动火箭点火，使第一级火箭减速，且 S-Ⅱ级推进剂沉底发动机点火，火箭进入第二级准备状态，随后点燃 5 台 J-2 发动机。S-ⅠC 级完成任务后坠落至地球，它的最后遥测信息是在 410 秒时坠入大西洋。S-Ⅱ级和 S-ⅣB 级出现了个别异常情况，宇宙飞船完成任务。

这是土星Ⅴ号飞行计划一个有利的开端。洛克达因公司报告 F-1 发动机运行良好，个别异常可以忽略不计。在发射地面，检查人员对发射塔和发射平台的预期和非预期损坏进行了评估。在 1、2、3、4 号摇摆臂的连接处曾发生起火，影响了放置在那里的组件。尾端支柱的保护罩被 F-1 发动机的冲击波吹走，暴露在外面的连接件、脐带和服务管路都受到破坏。牵制装置的保护罩由于高温导致变形，其内部组件也受到毁坏。包括发动机的服务平台在内的部分区域大面积受损。发射塔三层的货架严重受损。6 台放在近处以便记录发射情况的摄像机被彻底损毁，4 台受到损坏但是可以修复。破坏评估人员提出对其进行保护升级，对发射塔和发射平台进行冷却，不过检查人员还是认为，每次发射之后需要对平台的一些设备进行维修或更换。

（3）SA-502 敲响了警钟

人们随即将注意力转移至 SA-502，此时它已在装配大楼的 2

号移动发射平台上。S-ⅠC级于 1967 年 3 月 13 日到达 KSC，并于 4 日后开始安装。S-Ⅱ级于 5 月到达，在装配后进行了数月的系统检查和调试。1968 年 2 月 6 日，它被运至 39A 发射塔，随后又进行了 2 个月的检查和调试。NASA 新闻部在 3 月 28 日发布，阿波罗 6 号的发射预计在 4 月 3 日，然而，经过 3 月 29 日的演练后，发射日期推迟至 4 月 4 日。

这次无人飞行任务的目的是进一步验证运载火箭及其许多子系统，同时也会对宇宙飞船进行更多的验证。实际上，J-2 发动机 S-ⅣB级将在轨道上再次进行启动。当然，SA-502 并没有像它的前辈那么引人瞩目。在倒计时阶段并没有出现任何计划外待命，火箭根据计划在 4 月 4 日早 7 点准时发射。在一级点火将近 110 秒时，传感器检测到名为"POGO"的纵向振动，这种振动一直持续到 140 秒然后消失。经后续分析，这种现象是由于火箭结构纵向频率和液氧供应线路共振频率发生耦合造成的。中心发动机于 144.7 秒关机，外侧发动机于 148.4 秒关机，随后两级分离。

在 S-Ⅱ级点火工作期间，先是一台 J-2 发动机关机，紧接着第二台发动机也关机。于是，其他的发动机必须工作更长的时间。另外，由于是按照土星Ⅴ号运载火箭设备控制单元的预定程序指令工作，飞行器在 S-Ⅱ级关机时比原计划高度要高，这样 S-ⅣB级进行了大幅度的机动飞行来进入预定轨道入口。S-ⅣB级未能完成对 J-2 发动机的二次启动，也给这项任务提供了修正的契机。这次飞行只完成了 16 大飞行任务中的 9 项，其中 6 项部分完成，1 项（J-2 发动机重启）没有完成。所有这些出现的问题必须在下一次土星Ⅴ号运载火箭发射前得到解决。事实上，经过 MSFC 和洛克达因公司的调查研究，这些问题在后续均得到解决。

（4）SA-503：将人类送至月球

土星Ⅴ号计划的第一个载人飞行是阿波罗 8 号，机组成员有指令长弗兰克·波曼、指令舱驾驶员詹姆斯·洛菲尔和登月舱驾驶员威廉·安德斯。他们为这次近地轨道任务，从 1967 年夏开始训练。

然后在 1968 年上半年，华盛顿的 NASA 总部和休斯敦的发射控制中心策划了一个大胆的方案。当时，飞行任务是在近地轨道测试登月舱，然而宇宙飞船的建造进程严重滞后。为什么不放弃登月舱，直接将指令舱送入轨道呢？这样做可以验证 S-IVB 级具备超月球轨道入轨的能力，检查指令舱在地月空间的运行情况，探索导航和跟踪任务的月球任务。这种大胆飞行方案的另外一个动机是，当时苏联正筹备将航天员送至绕月飞行轨道，如果采取这个方案将会在进入地月空间上打败苏联。波曼乘员组于 8 月 10 日收到通知，计划在 1968 年执行月球轨道任务，他们非常兴奋并反复训练。在阿波罗 7 号（由土星 I B 号运载火箭发射）在地球轨道顺利验证了指挥服务舱之后，这项决策正式通过。

图 8-7　平台卡车将位于垂直发动机装置上的一台 F-1 发动机
运送至 KSC 的火箭装配大楼

S-ⅠC-3 于 1967 年 12 月 27 日到达 KSC 后，就被送往装配大楼。1968 年 5 月 31 日，对 F-4023 发动机进行拆卸和置换。为防止出现阿波罗 6 号的 "POGO" 问题，S-ⅠC-3 装入了一套系统，用来降低这种振动影响。这项工作在 SA-503 飞行评估报告中有所提及，在第 4 章运载火箭中这样写道：

我们对 S-ⅠC 级进行了修正，降低了在阿波罗 6 号上发现的纵向振动。通过设置一个系统，为 4 台外侧发动机供应管路的每个液氧前置阀的气腔提供氦气。这些充填着气体的气腔就像是弹簧一样，降低供应系统的固有频率，进而防止发动机振动和火箭纵向振动的耦合。

SA-503 的组装始于 1968 年年中，同时 S-ⅠC-3 在移动发射平台上开始装配。S-Ⅱ级于 6 月 26 日到达，7 月开始组装。S-ⅣB 于 9 月 12 日到达并开始组装。随后到达的是仪器组件。10 月 7 日，宇宙飞船最终组装完成。各项工作有条不紊地进行，两日后，运载火箭到达 39A 发射塔。经过数周的包括倒计时验证试验的整合系统测试，真正的倒计时开始，计划起飞时间为 12 月 21 日。

阿波罗 8 号既是土星 Ⅴ 号火箭首次载人飞行，又是首次载人登月任务，吸引了自 1962 年约翰·格雷发射以来前所未有的媒体关注。首选机组乘员是波曼、洛菲尔和安德斯，后备乘员是尼尔·阿姆斯特朗、巴兹·奥尔德林和弗莱德·海斯，发射前他们一直坚持训练。洛克达因公司以及其他参与阿波罗计划的承包商纷纷前往发射现场。倒计时进展顺利，没有出现任何计划外的待命，土星 Ⅴ 号运载火箭于早上 7 点 51 分飞离发射平台。在总结这次成功发射的阿波罗 8 号任务报告中，波曼在第 7.2.2 节动力飞行阶段提及乘坐土星 Ⅴ 号运载火箭的感觉：

尽管点火是在发射前 9 秒进行的，但在发射前 3 秒才感受到噪声和振动。从那时直到发射，主要感觉就是振动和持续增加的噪声。发射那一刻很容易感觉出来，因为会有很轻微但是很突然的加速。

随着火箭起飞逐渐离开发射塔，噪声越来越大，而且能很明显地感觉到侧向加速度。

乘员可以收到已安全离开发射塔的无线电呼叫。但是由于噪声太大，任何来自地面的沟通，或是乘员之间的交流，都不可能被听清。这种情况持续了大约 35 秒，期间，乘员有可能没有接收到可辨认的终止命令。

座舱压力正如计划那样逐渐减小，然而，伴随着的是持续飙升的噪声。发射进行到 42 秒时，噪声骤降，一级以平缓的特征连续加速直到中心发动机关机，这时加速度量级约为 1 g，一级分离时序比较突然，伴随着的是加速度的骤减。

S-ⅠC 级平稳的运行让洛克达因公司和波音公司的工作人员在此时露出了笑容。这次任务的顺利完成是有预兆的。二级或三级 J-2 发动机没有任何异常，当乘员进入月球轨道并向地球发送电视图像时，是阿波罗的最佳状态。乘员们读了《创世纪》中感人的开篇，并且祝福地球上所有人圣诞快乐。在完成了长达 20 小时的 10 次绕月任务后，服务舱的服务推进系统启动，将飞行器带出轨道并返回地球。

（5）SA-504 和阿波罗 9 号

阿波罗 9 号是第一枚配有登月舱的土星Ⅴ号运载火箭。它的任务有：在近地球轨道验证载人阿波罗指挥服务舱的性能，重点评估登月舱系统性能和有效交会技术，考察指挥服务舱和登月舱的整体性能。登月舱装回 S-ⅣB 之后，该级将重启 J-2 发动机并对重启性能进行进一步验证。机组乘员有指令长詹姆斯·麦克迪维特、指令舱驾驶员大卫·斯考特和登月舱驾驶员拉塞尔·施韦尔特。

SA-504 中首先到达 KSC 的是 5 月 15 日的 S-Ⅱ级。登月舱升降级在 6 月 14 日到达，9 月 12 日 S-ⅣB 级到位，9 月 30 日 S-ⅠC-4 和仪器组件到位。运载火箭在 2 号移动发射平台组装。指挥服务舱在 10 月抵达，经过检查后组装至整体。1969 年 1 月 3 日，运载火箭整体运至 39A 发射平台。起初发射时间拟定在 2 月底，然而考虑到乘员的健康，发射日期推后了几日。倒计时进行得非常顺利，SA-504 在 3 月 3 日上午 11 点整准时发射。飞行员对发射和动力飞行的任务报告中，评论较为平缓：

　　在点火时出现噪声和振动。在起飞时振感稍有变化，同时感到有轻微的加速度。起飞后，飞船内部发生了强烈的振动，这种振动骤增至 1 度/秒。这种振动在三个轴向都有，它们同时出现并且在适当的时候消失。

　　约 50 秒后，当运载火箭进入最大动压区域时，噪声与振动同时加剧。在这个范围内，噪声和振动始终非常剧烈，随后在剩余的飞行中降至很低的水平。在最大动压范围内，最大倾角接近 1 度。舱内压力的降低伴随着明显而巨大的声音。随后，在很短的时间内我感觉到了轻微的"嘎吱"声，但是这种感觉很快就减弱了。

　　一二级分离来得很突然。发动机一关机，在座椅上便感到非常强烈的加速度变化。指令舱和登月舱的飞行员抵着约束带身体不断向上。乘员预测到会有低至零的加速度减速，然而并没有想到会是负数。

　　S-ⅠC 级 F-1 发动机的整体性能比预计低了 1.21 个百分点。然而，在大约 85 秒时 1 号发动机推力突然增大，经后期分析，这种情况可能是由燃料泵压头衰减导致的。虽然中心发动机准时关机，但是外侧发动机关机时间比预计晚了 2.73 秒。尽管如此，也没有影响飞船进入轨道和最终完成所有任务。波音公司和洛克达因公司的团队对 S-ⅠC 级的性能比较满意。后来，洛克达因公司对 1 号发动机的异常进行了调查分析。

　　(6) SA-505 和阿波罗 10 号：重温登月

　　阿波罗 10 号的飞行硬件在 1968 年 10 月陆续抵达 KSC。有趣的是，这次是登月舱先抵达的。它被送往载人飞船操作大楼的高空舱。指挥服务舱在后续到达，待登月舱出来后立即被送入高空舱。SA-505 的 S-ⅠC 级在 11 月到达后很快垂直矗立于 2 号高棚厂房内的 3 号移动发射平台上。仪器组件在 12 月 15 日到达中心。宇宙飞船在

1969 年 2 月 6 日被送往垂直装配大楼装配至整机。3 月 11 日，运载
火箭整体运至 39B 发射平台，这也是该发射平台第一次被使用。这
次发射的任务目的是测试登月舱的月球轨道，为下一次的登月任务
进行"带妆彩排"。执行任务的乘员有指令长托马斯·斯塔福德，指
令舱驾驶员约翰·杨和登月舱驾驶员尤金·赛尔南。训练从 1968 年
11 月开始，飞行员在模拟器进行每周 6 天、每天 12 小时的超强度训
练。最终倒计时没有延时，于 5 月 18 日下午 12 点 49 分准时发射。

图 8 - 8　检验设备 500 - F 飞行器的底座和移动发射平台三支底部支柱中的一支

在阿波罗 10 号任务报告中，驾驶员这样描述土星 Ⅴ 号运载火箭
的一级操作和他们的所见所闻：

倒计时全程进展顺利，试验指导人和乘员比计划时间节点提早
了 20 分钟。发射前 15 秒，发射管制台的联络员发出倒计时口令。

发射前 3.5 秒，发动机产生强烈的振动并发出噪声。随后振动和噪声持续增加，直到运载火箭发射才有所缓解。按照计划，偏航动作在 2 秒开始，其幅度为仿真器模拟量的三分之二。大约 12 秒时，火箭完全飞离发射塔，随后便开始滚动和俯仰动作，滚动动作在预定时间停止。这时噪声和振动开始加剧，然而这比双子座发射时好很多，我们可以进行准确无误的内部交流。舱内压力在起飞后大约 1 分钟得到缓解。在经过最大动压区域之后，噪声降至较为平稳和较低的水平。中心发动机准时关机，虽伴有少许纵向振动，不过很快就消失了。外侧发动机准时在 2 点 40 分关机，也伴有纵向振动，振动在 4 个周期之后便消失了。在振动期间，发生各级时序和二级点火。在振动结束时，相应的发动机也熄灭了。乘员认为会有较大的负脉冲，却没想到会出现一系列快速而又剧烈的纵向振动。

五台 F-1 发动机中的四台性能完全正常，仅有 0.1% 或是 0.01% 的偏差。然而，在 35～38 秒的时段，1 号发动机推力骤降至 6.611 兆牛，根据预测当时推力应为 6.708 兆牛。在外侧发动机关机时，实际推力为 6.761 兆牛。尽管如此，飞行报告中称这并没有显著影响飞行。

在进入月球轨道后，指挥服务舱对登月舱进行从 S-ⅣB 级的分离和检查。一旦登月舱进入 110 千米的月球轨道，便会分离出一个下降发动机，它将进入一个距月球表面低至 13 千米的轨道，留下引导到首要着陆点的轨迹。下降发动机被丢弃，上升发动机随即点火与指挥服务舱分离并进入椭圆轨道。登月舱被释放，一个预定的点火程序让它进入绕太阳的轨道，这样便不会对以后的航天任务造成碰撞的危险。随后，服务推进系统启动并返回地球。

（7）SA-506 和阿波罗 11 号在宁静之海的命运

1969 年 7 月，三个美国航天员成为 20 世纪全世界最有名的人。他们之所以被公众高度关注，是因为他们完成了阿波罗 11 号任务，这是第一次载人登陆月球的探索。

近 50 万的美国人工作了近 10 年，为的就是在这一刻见证肯尼迪总统当时发起的挑战。阿波罗号的任务不仅是将人类送上月球并使他们成功返回地球，这里面还有非常严肃的政治因素。美国向全世界证明了它具有足够的经济实力和技术能力来实现如此艰难的目标。

SA-506 的所有零件在 1969 年 1 月和 2 月陆到达 KSC，其中 5 号登月舱最早到达。2 月 21 日，S-ⅠC 级在 1 号移动发射平台被竖起。指挥服务舱和登月舱在 3 月通过高空模拟测试，在 4 月完成组装。5 月 14 日进行插入测试，5 月 20 日运载火箭整机运往 39A 发射平台。直至 7 月 16 日发射的那一天，首发和后备乘员一直保持训练。来自全球的记者和媒体再一次聚集在 KSC。倒计时过程没有计划外待命，土星Ⅴ号运载火箭在上午 9 点 32 分发射，乘员有指令长尼尔·阿姆斯特朗、指令舱驾驶员迈克尔·科林斯和登月舱驾驶员巴兹·奥尔德林。在飞行报告中这样记录了飞行过程：

火箭准时起飞。点火时伴随着低噪声和温和的振动，随着牵制装置的松开，噪声和振动明显加剧。在完全离开塔台时，振动幅度明显降低。偏航、滚动和俯仰按程序如期运行。在经过最大动压区域时，没有出现异常声音或振动，倾角保持接近 0 度。S-ⅠC/S-Ⅱ级程序如期顺利进行。

科林斯后续为《阿波罗月球探险》一书提供了发射时内心的感受：

这次火箭飞行的感觉实在是太棒了。火箭伴随着"咯吱"声摇晃翻滚。间歇性的加速度变化让我们抵着约束带左右摇摆。这感觉就像是一位紧张的女士在狭窄小巷里疯狂地驾驶一辆很宽的车，我只求她知道自己驶向何处，因为在刚开始的 10 秒我感觉快撞到发射架了。

从火箭发射到外侧发动机关机，F-1 发动机推力仅仅比预测值低了 0.62%。幸亏增加了一些保护措施，才使移动发射平台的损坏非常小，S-Ⅱ 和 S-ⅣB 级按计划正常运行。

1969 年 7 月 20 日，鹰号登月舱安全着陆在宁静之海。在此之后，电视报道的《月球漫步》成为史上收视率最高的节目。上亿的观众在电视上观看黑白图像，目睹阿姆斯特朗爬下梯子，走下踏板，到达月球表面并且宣布："这是我个人的一小步，却是人类的一大步。"这是美国最骄傲的时刻。在接下来的 2 小时 31 分钟，他和奥尔德林设置了设备，收集了 20 千克样本带回地球。鹰号登月舱在月球表面仅仅停留了 21.5 小时。上升级与科林斯所在的哥伦比亚号指挥服务舱交会后，便被投弃坠毁在月球。太空飞船在 7 月 24 日降落在太平洋。为了防止可能携带的月球病毒，三名航天员被隔离了一段时间，随后，作为亲善大使巡游世界。

20 世纪 60 年代，美国经历了越南战争以及约翰·肯尼迪、罗伯特·肯尼迪和马丁·路德金遭暗杀等混乱的时期，阿波罗 11 号的成功给美国带去了光明与快乐。

（8）SA-507 将阿波罗 12 号送入风暴洋

阿波罗 12 号乘员为指令长查尔斯·彼特·康拉德、指令舱驾驶员理查德·戈登和登月舱驾驶员艾伦·宾。这次飞行任务的目标是在 1967 年 4 月登陆风暴洋的勘测者 3 号飞船的步行距离内着陆，然后进行两次月球漫步，第一次是搭建一套科学仪器，第二次是参观无人飞行器。

1969 年 3 月，SA-507 的组件陆续到达 KSC。S-Ⅱ级于 4 月 21 日到达，S-ⅠC 级于 5 月 3 日到达，S-ⅣB 级于 5 月 9 日到达。运载火箭在 3 号移动发射平台上装配并在 9 月 8 日整机运往 39A 发射塔。11 月 14 日早上，海湾上乌云密布并下着雨，倒计时仍然按原计划进行。发射没有计划外待命，火箭准时在上午 11 点 22 分起飞。运载火箭一离开发射塔，便消失在低云里。当土星Ⅴ号运载火箭受闪电袭击时，载人航天中心的任务指挥中心的工作人员紧张到心跳骤停。幸运的是，F-1 发动机继续运转并没有停止。在飞行报告中这样记录当时发生的事件：

发动机点火和起飞正如其他飞行员报告的那样：噪声正常，没

图 8 - 9　KSC 火箭装配大楼里即将完成装配的 SA - 501

有申请使用耳麦或耳线。通信效果非常好，"离开塔面"的信号很清楚。起飞后大约 36 秒时，飞行器出现了电位放电现象。指挥官在交会窗口发现了乌云中的亮光，感觉到火箭的瞬间振动和引发的声音。主警报立即响起，以下告警灯也亮起：1、2、3 号燃料电池；燃料电池断电；A、B 主线电压低；1 号交流母线；1 号和 2 号交流母线超负荷。在大约 50 秒后，主警报再次响起，意味着惯性子系统告警灯亮起。由于指令长位置的姿态标准出现旋转，所以推断由于低电压使平台失去参考价值。虽然飞行器经历了第二次电位放电，但乘员并没有意识到它的发生。

登月舱驾驶员决定给两条直流母线提供 24 伏电。尽管主线电压低，仍决定在燃料电池重启前完成各级时序任务，以便乘员和地面飞行控制员进行进一步的故障检修。没过多久，地面发出重启燃料电池的指令。当燃料电池重新通电后，所有的电子系统告警灯被重启，包括入轨在内剩余阶段的动力飞行都正常。稳定和控制系统具备准确的后备惯性标准，可以胜任任何终止模式。

尽管经历了两次闪电袭击（他们称之为电位放电），运载火箭和宇宙飞船的设备并没有受到明显的损坏。第二次电位放电影响到了指挥系统，但是可以被重启。

文斯·惠洛克向笔者解释了为什么在闪电袭击的情况下，F-1发动机仍然能持续运转：

原则上讲，如果 F-1 发动机遭受闪电袭击，发动机会根据设定的执行指令关机。然而发动机数据分析员报告说在受到闪电袭击时，性能参数并没有改变。F-1 发动机的电子系统非常简单，没有对高压敏感的计算机。带有操作信号的电子装置通过接口实现从 S-IC级到发动机的连接。发动机由隔热装置包裹，电子装置由支架保护。闪电发生在发动机启动之后，当时点火器已经点火。只有当控制阀关闭，电磁阀关闭和冗余电磁阀关闭同时发生，发动机才会执行关机。遭受闪电袭击时，土星Ⅴ号运载火箭仍在发射塔，发射前会根据技术手册中的操作说明对 F-1 发动机进行额外检查。

通过在地球轨道对飞船系统的全方位检查，乘员接到转月球轨道的指令。康拉德和宾的集中训练成果显著，他们将勇敢者登月舱降落在距勘测者 3 号 183 米的地方。第一次舱外活动持续了近 4 个小时，他们对物探设备进行部署，并采集了附近的土壤和岩石样本。在返回登月舱休息了 7 个小时后，他们再度出舱进行更多的试验。为了收集到距勘测者 3 号区域更远、更宽范围的样本，他们完成了曲折的地质勘测路线。4 小时之后，他们又回到登月舱，为起飞做准备并与洋基快艇交会。在投弃登月舱后，他们启程返回地球。

（9）SA - 508 和阿波罗 13 号发射

S-ⅣB 级于 1969 年 6 月 13 日到达 KSC，S-ⅠC 级于 6 月 16 日到达，S-Ⅱ级于 6 月 29 日到达。飞船直至 12 月才装配至整机，最终整机于 12 月 15 日送至 39A 发射台，随后将进行 4 个月的测试检查。

阿波罗 13 号乘员为指令长詹姆斯·洛菲尔、指令舱驾驶员约翰·杰克·斯威格特和登月舱驾驶员弗莱德·海斯。事实上，斯威格特是指令舱的后备驾驶员，他在发射前几天才接到发射任务。驾驶员肯·马丁力由于感染德国麻疹而被替代。这次飞行任务降落在月球弗拉毛罗区域的火山口附近。

倒计时进行得很顺利，SA - 508 在 4 月 11 日下午 2 点 13 分起飞。驾驶员在有关阿波罗 13 号任务的报告中这样描述：

点火起飞按计划进行。一级的表现较为满意，与仿真结果非常相近。飞行期间高噪声阶段的交流也很清楚。S-ⅠC 级分离准时进行并伴有 3 次不同的纵向振动。

5 台 F - 1 发动机在推力、比冲、推进剂总消耗量和消耗总混合比方面的性能指标与预测值相差不到 1%。实际上，从牵制装置松开到外侧发动机关机，推进剂总消耗量仅降低了 0.06%。

然而，S-Ⅱ级一台 J - 2 发动机由于过早关机，使其他发动机必须工作更长的时间。经研究决定，飞船继续前往月球。任务执行到大约第 56 小时，在阿波罗 13 号月球转移轨道飞行时，指令舱的低

图 8‑10　火箭装配大楼中，承载着 1 号移动发射平台和 SA‑501 的履带式运输车

温氧罐爆炸并损坏了放置在旁边的第二个罐。这次终止任务被完整地记录下来，成为探索史上最有名的幸存案例。通过与飞行控制组的合作，航天员在解决问题时展示出勇气、机智和冷静，使他们在 4 月 17 日安全降落在太平洋。许多年之后，洛菲尔写了一本有关此次任务的书，该书成为汤姆·汉克斯主演的《阿波罗 13 号》的电影背景素材。不过，尽管电影中对 F‑1 发动机的点火顺序再现得很准确，但是俯视土星Ⅴ号运载火箭的图像并不准确，因为在电影中发射控制塔的摇摆臂是按顺序分别摆动的，而实际上这些摇摆臂是同时摆动的。

（10）SA‑509 将美国首位航天员送至月球

1961 年 5 月 5 日，艾伦·谢泼德成为美国第一位漫游太空的航天员。他乘麦考瑞太空舱自由 7 号进入亚轨道。由于内耳不适，他在 1963 年被停飞，担任航天员办公室主任一职。经过外科手术的治疗，他积极争取阿波罗任务，最后接到阿波罗 14 号飞行任务。其他成员分别是指令舱驾驶员斯图尔特·罗萨和登月舱驾驶员埃德加·米切尔。

1970 年 1 月 21 日，SA-509 的 S-ⅠC、S-Ⅱ和 S-ⅣB 级均抵达 KSC。仪器组件在 5 月 6 日到达。飞行器在 3 号高棚厂房内的 2 号移动发射平台组装。9 月 9 日，整机运往 39A 发射平台。发射预计时间为 1971 年 1 月 31 日。由于天气缘故倒计时被推迟了 40 分钟，经研究决定继续执行任务，并通过修正亚轨道追回了一段时间。发射时间为下午 4 点 23 分 2 秒。有趣的是，所有的飞行报告都这样描述 S-ⅠC 级的性能：

这次阿波罗 14 号飞行的感觉在本质上与之前航天员描述的内心感觉一致。

所有 F-1 发动机的性能参数与预测值相差不超过 1%。中心发动机按照计划在 135.1 秒关机。外侧发动机在 164.1 秒关机。这是第一次在 S-ⅠC 级液氧增压系统采用文丘里管，替代了以前气态氧流量控制阀。

着陆点选在弗拉摩洛，这是阿波罗 13 号未完成的任务。谢泼德和米切尔将心宿二号降落在距目标点 50 米的地方，在登陆月球的 33 个小时内，他们完成了第二套仪器的设置，在勘测地质路线时翻越山脊，利用模块设备运输车进行样本工具的运输及样本的采集。两次舱外活动共计 9 小时 25 分。最后，谢泼德做了一个高尔夫球，还挥了几棒。在与小鹰号交会后，上升级发动机被投弃，指令舱返程。

（11）SA-510 发射阿波罗 15 号，月球车抵达哈德利月谷

阿波罗 15 号是 J 任务的首次飞行，航天员利用月球车扩大在月球的探索范围。为了更接近目标推力，用于 S-ⅠC 级的 F-1 发动机调整了喷孔的尺寸。通过拆除分离系统中的固体燃料动力火箭等一系列方法，可以增加登月舱的推进剂加注量，定位较难的着陆点，使在月球表面停留三天成为可能。乘员为指令长大卫·斯科特、指

图 8-11　KSC 的弯状盆地，S-ⅠC 级和 S-Ⅱ级驳船运输的终点

令舱驾驶员沃登和登月舱驾驶员詹姆斯·欧文。除了飞行训练，斯科特和欧文还使用了一辆名为"Grover"的 1-G 月球车进行路线演练。月球车由位于华盛顿州的波音公司设计制造，通用汽车公司（位于加利福尼亚州圣巴巴拉市）为主分包商。MSFC 经理是萨维里奥·莫利亚，他是 F-1 发动机研制的重要人员。

S-IC 级经过密西西比测试厂的静态热燃烧试验后，F-1 发动机被替换。然而，基于新装配发动机的自身测试经验，MSFC 觉得不需要对它进行整修后的再测试。S-II 级在 1970 年 5 月 18 日到达，S-IVB 级在 6 月 13 日到达，仪器组件在 6 月 26 日到达，S-IC 级在 7 月 6 日达到。S-IC 级在 7 月 8 日被竖立在 3 号移动发射平台。S-II、S-IVB 和仪器组件在 9 月装配。月球车在 1971 年 3 月到达，4 月安装在登月舱。宇宙飞船在 5 月 8 日进行装配，完成后的运载火箭在 5 月 11 日整机运往 39A 发射架。发射时间计划为 7 月 26 日。倒计时没有出现计划外待命。F-1 发动机的传统点火顺序为 1-2-2，即先点燃中心发动机，再点燃两组相对的外侧发动机。然而，由于该 S-IC 级 F-1 发动机的更换，这种点火顺序的成功率很小，所以采取 1-1-2-1 的方式点火。早上 8 点 34 分，5 台 F-1 发动机达到满推力，按计划发射了运载火箭。

登月舱飞行员吉姆·欧文在他的自传《统治夜晚》（A.J. 霍尔曼公司出版，1973 年）中谈到他早年唯一一次太空飞行的前后经历。他这样描述发射时的感受：

起初时间过得很慢，但是最后的几分钟时间过得飞快。当我们意识到时，已经听到点火指令。我能感受到，也能听到身下发射平台上释放出的巨大能量。缓缓地伴随着颤抖，火箭轰鸣启动。

我们知道如果在离开塔面时发生故障是有机会逃生的。我注视着飞船中自己负责的所有系统。我们飞离塔面。那是我最快乐的时刻，经过这么多年的付出终于有机会展示自己。最终我们离开地球。

斯科特因驾驶过阿波罗 9 号，所以便于对比而具备优势，他在飞行报告中这样描述：

点火和起飞感觉很明显，S-ⅠC级飞行期间全程振动频率与之前的飞行相似。噪声比阿波罗9号小，动力飞行期间通信交流顺畅。

所有F-1发动机的性能参数与预计值相差不超过0.5%。中心发动机在136.0秒关机，外侧发动机在159.5秒关机。F-1发动机的完美性能预示着其他任务的顺利完成。在月球哈德利-亚平宁山区的狭窄平原着陆后，斯科特和欧文驾驶月球车行驶到距猎鹰号登月舱数千米的地方，他们共完成三次舱外活动。这次探索过程的电视转播通过月球通信中继设备实现，该设备为月球车上的彩色摄像机，可以由地面控制。与奋斗号连接后，上升级被投弃，指令舱返程。

（12）SA-511和阿波罗16号

出乎意料的是，当阿波罗计划开始收获重大科学回报时，却遭受预算削减。为基础建设和人员投入了数十亿的资金后，国会强制取消了三项任务。尽管如此，最后的两项任务很可能成为整个计划中最令人兴奋的任务。阿波罗16号的乘员自然也是这样认为。指令长是约翰·杨；指挥舱驾驶员是肯·马丁力，他在阿波罗13号落选之后终于获选；登月舱驾驶员是查理·杜克。

SA-511的S-ⅠC级在1971年9月17日到达KSC，9月21日被竖立在3号移动发射平台上。装配工作在12月8日完成，5日后，飞行器整机运往39A发射台。发射时间预计为1972年3月17日。然后，由于阿波罗16号需要运回装配大楼更换指令舱的关键部件、下降伞连接件（在阿波罗15号任务中三个降落伞中的一个展开失败）和解决一些其他的问题，发射时间被推迟至4月16日。倒计时进展顺利，SA-511在下午12点54分发射。

飞行任务报告中是这样描述的：

我们能明显地感觉到S-ⅠC级发动机的点火和土星Ⅴ号运载火箭的发射。一级飞行器的振动就像之前飞行报告报告中描述的那样，仿佛一辆货运车在不牢固的轨道上弹跳。最大动压区域的噪声级别与指令长描述阿波罗10号的情况差不多。动力飞行阶段通信交流非常好。伴随着S-Ⅱ级四周的卸荷，S-ⅠC级中心发动机关机得很突然。在S-ⅠC级外侧发动机关机时，S-Ⅱ级四周的卸荷再次出现。S-ⅠC级外侧发动机关机是土星Ⅴ号运载火箭助推阶段令人感触最深的经历。

杜克在《月球漫步者》（Oliver Nelson 出版社，1990 年）中表述这次飞行任务发自肺腑的感受：

我隐约听到发动机的巨大轰鸣声。它以每秒 4 500 加仑的速度吸入燃料。当发动机助推火箭发射时，我感到强烈的振动，宇宙飞船开始摇晃！

我吓了一跳。为什么摇晃得这么厉害？我紧张且疑惑。究竟发生了什么？是不是火箭有问题了？我们坐在发射平台上感受着振动，但我并没有回忆起是否预想过这么强烈的振动。

图 8-12　S-ⅠC-6 抵达火箭装配大楼，它作为 SA-506 的一级发动机，在 1969 年 7 月 16 日发射阿波罗 11 号

约翰说我们起飞了，海湾上的人说我们起飞了，所有的人都在说我们起飞了，然而我却坐在那里在摇晃中疯狂地胡思乱想：这个火箭不会飞起来，它会振成碎片的！也许有人好奇在火箭起飞时航天员在做什么，其实他们一直在坚持！

F-1 发动机如同阿波罗 15 号的副本，性能参数在预测范围之内。比如，从牵制装置松开到外侧发动机关机，推进剂总耗量仅下降了 0.5%。整体推力比预测值高 0.05%。专业地讲，此时性能为额定工况。

在月球轨道，登月舱如期分离，然而为了解决"卡斯珀"服务推进系统的问题，着陆时间有所推迟。随后，杨和杜克将猎户座降落在目标点笛卡尔·卡利区域，令科学导师人员吃惊的是，他们在这里的所见与预期完全不同。

(13) SA-512 载阿波罗 17 号执行最后一次载人探月

阿波罗 17 号任务是阿波罗计划中最后一次执行月球登陆的任务。它与首次登陆月球时一样，吸引了众多游客和媒体，在某种程度上是因为这次壮观的飞行计划将在晚上起飞。指令长是尤金·柯南，指令舱驾驶员是罗纳尔多·伊万斯；登月舱驾驶员是哈里森·施密特博士，他是一名专业的地质学家，经过训练成为一名航天员。这次飞行目的地是利特罗山谷。

SA-512 的 S-Ⅱ级在 1970 年 10 月 27 日到达 KSC，S-ⅣB 级在 12 月 21 日到达。宇宙飞船组件在 1971 年年末和 1972 年年初到达。S-ⅠC 级在 1972 年 5 月到达，仪器组件在 6 月到达。5 月 15 日，S-ⅠC 级在 3 号移动发射平台被竖起，8 月 28 日，火箭整机运往 39A 发射平台。在预计发射前 23 小时，2 号 F-1 发动机未发现燃气发生器点火装置指示。洛克达因公司派工作人员换掉了该发动机的两个燃气发生器点火装置。后来发现，故障点火装置的电子探针没有焊接。倒计时仍在 12 月 6 日晚间进行，直到终端倒计时装置在 T-30 秒时发现不能指挥 S-ⅣB 级贮箱增压，才不得不推迟。尽管发射组解决了这个问题，但这使发射时间推迟了近 3 个小时，到了 12 月 7 日 0 点 33 分。一切顺利进行着，随着 F-1 发动机在发射前产生推力，漆黑的夜晚亮如白昼。数百千米以外的人都可以看到火箭飞向天空的景象。

飞行报告中是这样描述的：

在发射前几秒到发射后几秒的时间段里，乘员可以通过交会窗口和推进防护堵盖内的舱口看到一级点火。在 S-IC 级分离时出现了明亮的火球，这感觉就像是在一级分离后宇宙飞船被火球追赶一样。

F-1 发动机运行如预期值，再次证明了它的稳定性。级的推力值比预测值仅高了 0.3%，总的推进剂耗量比预测值仅高 0.16%。仪器组件控制中心发动机在 139.3 秒关机。燃料消耗传感器控制外侧发动机在 161.2 秒关机。现场洛克达因公司和波音公司的工作人员松了口气。F-1 发动机的载人飞行性能可靠性高达 100%。

在挑战者号登陆月球后，月球车开始工作，并发回色彩景象极好的电视信号。施密特博士用各种月球岩石和土壤样本描述他的发现。75 小时后，柯南和施密特启程与美国者号指挥服务舱对接。在投弃上升级之后，他们返程回地球，在 12 月 19 日降落在太平洋，为阿波罗探月计划画上了句号。

然而，这并不是 F-1 发动机的最后一次任务。另一颗土星 V 号运载火箭将要发射，这次运载的是美国首个空间站。

（14）SA-513 发射天空实验室空间站

20 世纪 60 年代早期，NASA 开始调研阿波罗计划开发出的硬件的应用前景。20 世纪 60 年代中期，研究认为可以建立一个航天员空间站，在那里进行科学研究和试验。空间站计划在一个用过的 S-IVB 级发动机上改造。这是一个"湿式工作站"，它可以作为推进器真正的一级，由土星 I B 号运载火箭发射入轨，然后由阿波罗乘员在轨道上进行装配。后来又决定采用"干式工作站"，推进器 S-IVB 级直接在地面进行装配。然而，由于它不能作为发射器的一级飞行，它将成为土星 V 号运载火箭（土星 INT-21）的有效载荷。这个两级火箭将工作站送入轨道。航天员乘坐土星 I B 运载火箭发射的阿波罗指令舱随后到达。

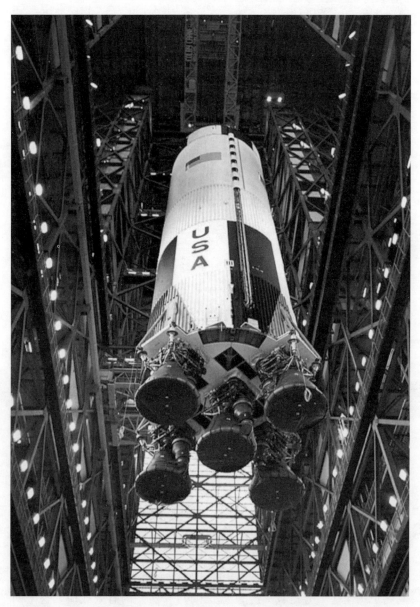

图 8 - 13　火箭装配大楼中被吊起的 S - I C - 13，它将组成 SA - 513 的
一级并发射天空实验室

　　SA-513 的 S-Ⅱ 级在 1971 年 1 月 1 日到达 KSC。S-ⅠC 级在 1972 年 7 月 26 日到达，并于次周在 2 号移动发射平台上被竖起。S-Ⅱ 级在 1972 年 9 月 20 日装配，工作站在 9 月 29 日装配，设备控制单元随后装配。气动整流罩加至顶部。接口测试在 1973 年 3 月 21 日完成。4 月 26 日火箭送至 39A 发射台。倒计时演示验证在 5 月 2 日进行。倒计时期间没有计划外待命，SA-513 在 5 月 14 日下午 1 点 30 分发射。F-1 发动机性能依然正常。为了减小火箭动力，关机时序从载人飞行的 1-4 改为空间站的 1-2-2。S-ⅠC 级助推期间结构载荷与设计值相较偏低。然而，工作站一号太阳电池板的盖板出现问题，随后阻碍了电池板的展开。二号太阳电池板完全脱落，工作站的一大片隔热罩也出现了同样的情况。尽管出现了这些问题，它仍将三位航天员送至空间站，并创造条件让他们分别持续工作了 28 天、59 天和 86 天，进行生物医学和科学研究。

　　洛克达因公司研制的 65 台 F-1 发动机总共为 13 枚运载火箭提供动力，成功率为 100%。它保持着液体火箭发动机的最高纪录也许永远也不会被超越。

第9章 F-1A：本应问世的发动机

F-1 发动机的研制工作从 1955 年开始至 1965 年结束，整整持续了 10 年。随着此项工作的进行，NASA 和洛克达因公司意识到，为阿波罗后续计划服务的土星 V 号运载火箭可通过改进 F-1 发动机的方式提升其运载能力。推进剂将采用 RP-1 航空煤油与纯液氧，或液氧与氟的混合物，但因为氟的使用会带来其他棘手问题，所以仅作为最后的备选方案。

洛克达因公司建议，在对硬件设备改动最小的情况下尝试产生 1.65 兆磅的推力，以此作为发动机一体化系统优化调整的临时方案，这些调整最终将至少产生 1.8 兆磅推力。

9.1 1 650 K F-1 发动机

为达到 1.65 兆磅推力，洛克达因公司从 F-1 发动机 1.5 兆磅额定推力下的红线指标数学模型入手，重新设计了一些必要组件，以适应增强的结构和性能指标。这一临时性配置被称作 1 650 K 发动机。工程师们认为这些改进可通过以下途径实现：例如将直径为 35 英寸的涡轮替换为在更高功率下旋转的直径为 30 英寸的涡轮，改进燃料与氧化剂泵诱导轮、推力室结构、燃气发生器本体与阀门，以及换热器导管。这些改进将促使燃料集液腔入口压力由 1 534 磅/平方英寸增至 1 697 磅/平方英寸，液氧头部入口压力由 1 438 磅/平方英寸增至 1 596 磅/平方英寸，喷注器末端压力由 1 108 磅/平方英寸增至 1 204 磅/平方英寸。泵转速将从 5 291 转/分提高到 5 645 转/分，液氧泵出口压力由 1 556 磅/平方英寸增至 1 735 磅/平方英寸，燃料泵出口压力将增至 2 005 磅/平方英寸。涡轮流量将从 166 磅/秒

图 9-1　F-1A 发动机有望显著提高海平面推力和有效载荷能力，
其性能已被两种研制成熟的发动机验证

增至 215 磅/秒，涡轮功率将从 52 460 马力增至 63 910 马力。而推力室冷却套、环带、燃料集液腔、液氧顶盖及喷注器将不做改动。一台海平面推力至少为 1.52 兆磅的 F-1 发动机，在真空条件下可产生 1.75 兆磅推力，而 1 650 K 发动机真空推力可达 1.876 兆磅。一种 13.5 英寸的改进涡轮模型在 1964 年 5 月到 6 月进行了试验，其性能超出预期效果。30 英寸的涡轮的设计于 1965 年完成，并在 1966 年完成装配，继而进行了结构及热试车试验。在此期间，大功率燃气发生器也进行了生产和试验。

　　洛克达因公司预计于 1965 年中期被授权继续进行 1 650 K 发动机的研制工作，并能够于 1967 年年底前交付第一台发动机，1968 年年底取得飞行资格。洛克达因公司生产了不止一台发动机，目的是测试其额定配置，并提供必要的红线指标，以进一步提高发动机性能。

9.2　F-1A 发动机

　　将海平面推力提升至 1.8 兆磅需要一些额外的设计与结构改动。首先，必须对连接到新型 30 英寸涡轮的泵进行改进。增大了液氧泵、诱导轮与推进剂导管的直径，并增大了燃料泵、叶轮和燃料导管的直径。重新设计了燃气发生器，以减小涡轮泵的背压，并在燃气发生器上增加了一个液氧压力控制器。其次，修改了液氧顶盖的入口、圆环面、法兰，以及喷注器的法兰。加强了推力室冷却套、环带、控制支柱、常平座和十字块等结构。在 F-1A 发动机的配置中，涡轮泵转速为 5 625 转/分，液氧泵出口压力为 1 887 磅/平方英寸，燃料泵出口压力为 2 240 磅/平方英寸。其涡轮流量为 225 磅/秒，可产生 75 720 马力的可观功率。大功率燃气发生器在喷注器处的压力可达 1 247 磅/平方英寸，液氧阀入口压力为 1 540 磅/平方英寸，燃料阀入口压力为 1 870 磅/平方英寸。原型机在 5 秒内比冲可达 269.6 秒。F-1A 发动机仅比原型机重约 1 500 磅。洛克达因公司

图 9-2　F-1A 发动机相关细节

预计如果它在 1965 年 6 月得到许可，那么第一台发动机可于 1968 年年底交付，并在 1969 年年底取得飞行资格。该公司计划生产 2 台 F-1A 发动机（命名为 F-10404 和 F-109-4），用来验证其性能。

F-1A 发动机与原型机的研制计划相同，只是节奏更快，这都归功于 F-1 发动机的制造和试验经验，以及一些现成的组件。爱德华兹野外实验室的试验表明新型发动机的性能达到了预期要求。然而，洛克达因公司并未收到期盼已久的为未来任务制造 F-1A 发动机的合同。在 20 世纪 60 年代初期研制资金显著增长之后，NASA 的土星运载火箭研制资金在 1966 年达到 16.3 亿美元的峰值，随后预算急剧缩减。到 1969 年，所有已预定的土星Ⅴ号运载火箭是否有用已成疑问，并且展望的计划中不需要能够运送如此大有效载荷的火箭。

9.3 洛克达因公司的知识储备计划

F-1 发动机是迄今为止洛克达因公司承担的最具雄心壮志的项目，其关键在于储备了知识库。因此，1969 年它着手规范管理者的研究、设计、开发和生产经验。每个重要组件都编纂了一个卷宗，详细记录了工艺装备、计划文件、非标机器、方法、制造程序、清洁和加工程序、生产人员、劳动力购买、零件购买、制造和购买标准、遇到的问题及解决方案、形成生产力的各项活动，以及重启项目的必要步骤。

9.4 F-1A 发动机及太空探索倡议

1969 年，随着阿波罗号宇宙飞船成功登月，实现了约翰·F. 肯尼迪总统的目标，一种可充分重复使用的航天飞机亟待研制。但财政限制使其不得不妥协，当此项设计于 1971 年对外宣布时，仅被用于部分重复使用的运载器。为了提高成本效益，决定逐步淘汰一次性火箭，并将航天飞机作为美国航天运输系统（此决定后来被证明是一个错误，并被推翻）。航天飞机的长期目标是运送组建大型空间站的构件进入相应轨道。但这就产生了一个问题：究竟美国是打算将其未来行动限制在低轨道，还是继承阿波罗计划建立一个月球基地，并进行登陆火星任务？

20 世纪 80 年代的研究围绕美国怎样继续探索太空的计划进行。1989 年 6 月 20 日，在阿波罗 11 号登月 20 周年纪念日当天，美国总统乔治·H.W. 布什站在华盛顿美国国家航空航天博物馆外的台阶上，发起了太空探索倡议（SEI）。内容如下：

……一个长期的承诺。首先，对下一个十年，对整个 20 世纪 90 年代而言，自由号空间站是我们所有太空尝试中最为关键的下一步计划。而对下个世纪而言，重心是重返月球、奔向未来，并定居月球。随后，开启一段通往未来的旅程，一段通往另一个星球的旅程，即登陆火星任务。每一个任务都应当也必须为下一个任务打下坚实的基础。

由副总统丹·奎尔执掌的国家航天委员会制定了一个雄心勃勃的计划，并力图通过在时间、技术和资金等方面努力实现它。NASA 的负责人理查德·特鲁利指派得克萨斯州休斯敦的约翰逊航天中心主管亚伦·科恩进行一项为期 90 天的研究，目的是确定太空探索倡议的主要内容。特鲁利于 11 月将名为《关于人类探索月球和火星的 90 天研究报告》提交给国家航天委员会。该报告第 5 部分描述了该计划所必需的运载器：

现存的航天飞机及一次性运载器机队将支持机器人探索太空任务；航天飞机将被用于向自由号空间站运送航天员。

建立月球基地需要具有约 60 吨的地球轨道运载能力。在 1999 年之前，在此类运载器中唯一值得考虑的是 Shuttle-C 运载器。在那之后，利用先进运载系统运载器成为可能。

建立火星基地需要约 140 吨的地球轨道运载能力。一种更大的由航天飞机衍生出的重型运载器，以及先进运载系统运载器将被考虑用于实现这一目标。

无论是由航天飞机衍生出的重型运载器，还是先进运载系统运载器，在某种程度上都有必要改进地面发射与生产设备。

Shuttle - C（货运）运载器采用三台航天飞机主发动机（SSMEs），并改进了固体火箭助推器。先进运载系统（ALS）具有一个以 5 台航天飞机主发动机为动力的直径达 10 m 的芯级，并扩充了 4 台先进的固体火箭助推器。这里有其他可供选择的配置，其中之一被称作全液体怪兽，其芯级有 3 台航天飞机主发动机，并扩充了 3 台助推器，每个助推器配有 6 台航天飞机主发动机，合计 21 台航天飞机主发动机！

太空探索倡议颇具雄心壮志且代价高昂，其 20 年间花费多达 5 千亿美元。为了得到国会和美国民众的支持，需要削减其开支。NASA 建立了外延项目，以努力获得更广泛的共识。它从工业、私立机构、宣传组织及个人处收集建议并于 1990 年成立了综合小组（综合小组也被称为斯塔福德委员会，它由前阿波罗航天员汤姆斯·斯塔福德领导），以便研究这些意见并为太空探索倡议提出建议。1991 年 5 月，综合小组发表了名为《美国新的开始》的报告。报告指出有关近地轨道有效载荷的早期数据较为保守，并且指出对于月球任务而言，有效载荷能力应达到 150 吨，而火星飞行任务需要的有效载荷应为 250 吨。该报告还包括一些关于重型运载火箭（HLLV）的惊奇建议。在技术基础的选项部分，它提出：

如今，重型运载火箭设计概念集中在液氧液氢助推发动机，以及为发射提供助力的先进固体火箭发动机。经验表明，大型液氧液氢发动机的研制及运行成本较高。由于贮箱体积较大，出于在十万英尺以下使用液氢的安全考虑，液氧液氢推进剂对于重型运载火箭一级来说不是很好的选择。为了太空探索倡议以及国防部与 NASA 的一些其他需要，一种新型的运载火箭性能亟待开发，而这些应用需要考虑引入变推力系统的概念。

　　阿波罗土星 V 号运载火箭项目研制了以液氧煤油（RP−4）为动力的 F−1 助推发动机，海平面推力达 1.5 兆磅，飞行可靠性达 100%。其改进型虽然从未飞行过，但其海平面推力可达 1.8 兆磅。利用已证明的可靠技术，潜在的重型运载火箭助推器可支持太空探索倡议。从成本、时间和安全的角度分析，F−1 发动机很有可能成为新型重型运载火箭的一级和捆绑助推器。使用 F−1 发动机作为助推级发动机，配合使用液氧液氢上面级发动机（升级后的 J−2 发动机或太空运输系统的主发动机），可在 1998 年实现重型运载火箭性能需求。苏联目前拥有约 100 吨的近地轨道重型运载能力，它的主动力系统为液氧煤油助推级发动机（RD−170）和液氧液氢上面级发动机。

　　洛克达因公司是为项目推广做出贡献的公司之一，建议使用 F−1 发动机作为太空探索倡议的飞行助推器。综合小组认为，F−1A 发动机能够为未来太空探索倡议的大型助推器提供最好的动力。综合小组对 F−1A 发动机的肯定与支持，不仅源于其飞行历史，还源于洛克达因公司曾两次证明它具备重启能力。

9.5　F−1A 发动机生产计划

　　1991 年，在综合小组搜集信息评定洛克达因公司重启 F−1 项目的能力之后，公司修订了它的知识储备计划。在现行标准下，零件图、装配图和工装图均需要修订。虽然大量最初的工装已经被废弃，但新型工装将在制造和装配中展现其优势，而且人工成本降低。为 F−1A 发动机项目更换工装预计花费 100 万美元，而一次性总成本约为 500 万美元。约 60% 洛克达因公司供应商仍将持续供货，其他供应商也确定支持洛克达因公司航天飞机主发动机的项目。最重要的是，300 余名参与设计、试验及制造 F−1 发动机的洛克达因公司职员仍被该公司雇佣，或者以顾问身份从退休人员中召回。洛克达因公司在剩余 F−1 发动机硬件方面仍具优势。5 台备用发动机储存在路易斯安那州新奥尔良附近的米楚德装配厂，它们均经过测试，并且可作为设计和制造的参考，也可以作为试验样品。若有需要，旧组件被分解检查后可更换必要的组件（这些发动机分别是：F-4023，参加过6次试车，共计456.1秒；F-5036，3次，249.6秒；F-6045，3次，309秒；F-6049，8次，501.1秒；F-6090，3次，250秒）。

其他的发动机在全美展览，如有需要可被征用。洛克达因公司已生产和测试的两台F-1A发动机也可被利用，并可作为生产的主要参考。

20世纪90年代的F-1A发动机受益于制造技术的进步。例如，计算机辅助设计（CAD）、计算机辅助加工（CAM）、计算机数字控制（CNC）加工、自动化、机械化、激光切割、多轴加工、零件检查、合金及其他材料、过程控制改善，以及个人计算机普及和主机功能强大带来的文档编制。为F-1发动机研制的推力室管材成型、炉内钎焊及真空焊接技术已成功保留并升级，为其他的发动机项目提供支持。自F-1发动机生产结束开始，管材成型、焊接前装配和钎焊技术已发展至一个相当高的水平，二次钎焊循环技术已被淘汰。某些机加工零件可通过铸造制成，在许多情况下，一体化铸造可取代多零件装配，进而大大节省制造成本。

大多数位于爱德华兹野外实验室的F-1发动机专用试验台已被关闭，但仅需一部分最初建造成本即可重新开放。美国空军表示，试验台1-D或1-E运行费约为20万美元。试验台B-2可被改造用于F-1A发动机试验，它位于NASA的斯坦尼斯航天中心，曾用于航天飞机主推进系统试验项目。曾位于MSFC的F-1发动机专用试验台已经被翻新，它将用于升级型F-1发动机的试验。

图 9 - 3　一名洛克达因公司技术人员和 F - 1A 发动机 30 英寸涡轮泵（左）
及 F - 1 发动机 35 英寸涡轮泵（右）

9.6　为太空探索倡议运载火箭提供动力的 F - 1A 发动机

1992 年 3 月，在美国航空航天学会的太空计划及技术会议上，有一篇名为《再论土星 V 号运载火箭 F - 1 发动机》的论文。该论文的作者分别是来自 MSFC 一次性运载火箭应用项目的经理比利·谢尔顿、洛克达因公司从事项目开发的系统工程部门主管特里·墨菲。该论文描述了 F - 1 发动机的性能及历史，20 世纪 90 年代 F - 1A 发动机的配置，以及恢复生产的需求。它指出 F - 1A 发动机将如何有力地支持太空探索倡议，并描述了一种火箭，其芯级与航天飞机推进剂贮箱直径相当，由 4 台航天飞机主发动机提供动力，配有 2 个捆绑式助推器，每个助推器有一对 F - 1A 发动机。这种配置的火箭能够将重达 270 000 磅的物体送入月球轨道。由相同芯级和 4 个助推器配置的火箭可将重达 400 000 磅的物体送上火星。另外两种样品配置分别为由 4 个航天飞机主发动机组成的芯级与 4 个各配 1 台 F-1A 发动机的助推器组合的火箭，以及相同芯级和 8 个相同助推器组合的火箭。4 个月后，在田纳西州那什维尔的联合推进会议上，墨菲提交了一篇名为《F-1A 发动机：重型运载火箭的经济高效之选》的论文，强调了 F-1A 发动机是为太空探索倡议中的大型助推器提供动力的合理选择。这一次，他提到了一种由土星Ⅴ号衍生的运载火箭，它与 S-ⅠC 级和 S-Ⅱ级拥有相同的 33 英尺直径整流罩。其芯级由 5 台 F-1A 发动机提供动力。该火箭的起飞质量约为 13.3 兆磅，发射推力为 16.2 兆磅。该火箭可在火箭装配大楼进行装配，尽管可能需要移动发射平台和发射控制塔，但经过大量的改进后，他们可在 39 号发射平台进行发射。

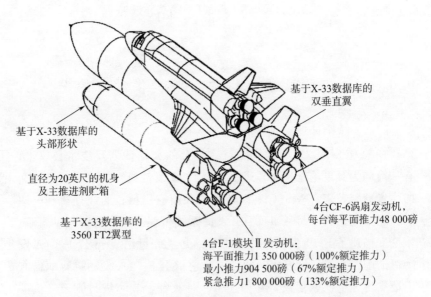

图 9-4　1996 年洛克达因公司建议 NASA 使用配有 F-1 模块Ⅱ发动机的液体飞回式助推器代替航天飞机的固体火箭助推器，经过恢复和翻新，液体助推器能够重复使用 20 次

9.7 第一月球基地和由 F-1A 发动机提供动力的 重型运载火箭

1992 年夏天，NASA 公开了一个并不雄心勃勃的重返月球计划。这反映了 NASA 的决心，即努力研究更为高效经济的人类探月方法，而非空间探索计划方法。NASA 为这项新计划提供被称为"第一月球基地"的运载火箭已离开垂直装配大楼，其本质如谢尔顿和墨菲在 AIAA 论文中所描述的那样，芯级由 5 台 F-1A 发动机提供动力，两台助推器配有一对 F-1A 发动机。这种配置的火箭提供了一种将负载送上月球的新方法。不同于环月轨道交会，此方法称为"直接登月"。在某些方面，它追溯了使用 2 台土星 V 号运载火箭发动机的阿波罗飞船的一箭双星的设计概念。重型运载火箭，某些时候被称作"彗星"，将无人生活舱发射至月球上的一个指定地点，在那里将自行登陆。它将展开太阳电池板，激活生活舱并等待乘员。另一艘"彗星"将发射一个 4 人乘员小组，以及一个综合着陆器和返回舱。在生活舱旁边安置后，乘员们将关闭飞船的电源，并转移至生活舱。约 45 天后，他们回到飞船，按计划上升至月球轨道并返程。然而，这个计划随同太空探索倡议一同被遗忘。1992 年比尔·克林顿赢得总统大选，他对人类探索太空毫无兴趣。从那时起，NASA 的预算主要运用于运行航天飞机和设计自由号空间站。因此，在可预见的未来，将没有资金支持探月计划。这表明以 F-1A 发动机的形式复兴 F-1 发动机的最后希望破灭了。

9.8 液体火箭助推器和液体飞回式助推器研究

20 世纪 90 年代一些概念性研究集中在配有 F-1A 发动机的液体火箭助推器上，以支持航天飞机。《航天飞机液体火箭助推器可行性研究》发表于 1994 年，文章编号为 AIAA-95-0007，作者为来

自德州农工大学的 L. M. 里维拉。该文章认为，配有 F-1A 发动机
的液体火箭助推器可替代航天飞机上使用的固体火箭助推器，同时
也适用于重型运载火箭，该方案使用单台 F-1A 发动机，不仅节流
而且可关机。1996—1997 年，洛克达因公司研究使用 F-1A 发动机
（已被重命名为 F-1 模块Ⅱ发动机）作为航天飞机液体飞回式助推
器的推进系统，在这个项目中，NASA 决定以此方案替代固体火箭
助推器。该发动机将结合原有的 F-1 发动机和 F-1A 发动机各方面
特点，并具有可节流性——此性能已在 F-1A 发动机 F-109-4 上
得到证明。

9.9　一个时代的结束

　　洛克达因公司的 F-1 发动机是 20 世纪 60 年代初一项惊人的成
就，并成为 20 世纪的工程奇迹之一。它 100% 的飞行可靠性依赖良
好的工程设计、详尽的试验、不断的改进，以及许多工作人员的自
我牺牲精神。依靠 F-1 发动机完成的阿波罗登月任务，被记载为美
国历史上最光荣的时刻之一。多台 F-1 发动机在全美及国外的博物
馆进行展览，其中最好的一台可能在阿拉巴马州亨茨维尔的太空火
箭中心。这台原型机十分完整，配有红色防护堵盖及打有保险丝的
六角螺母。它放置于专用的航空运输发动机处理机上，看起来就像
在洛克达因公司刚刚完成最后的检查。2007 年 4 月，笔者有幸与
MSFC 负责 F-1 发动机项目的索尼·莫瑞尔一同站在这台发动机的
旁边。他从未见过如此特殊的展示。他指了指发动机各种各样的零
件，稍作沉思后，以一句"这是多么伟大的一台发动机啊！"向洛克
达因公司及使该发动机成为现实的 MSFC 做出的贡献表示由衷的
感谢。

附 录

F-1 发动机项目计划——阿波罗及阿波罗应用计划

	FY59	FY60	FY61	FY62	FY63	FY64	FY65	FY66	FY67	FY68	FY69	FY70	FY71	FY72	FY73	FY74	FY75
发动机交付	2	2	4	10	14	21	22	23	13	12	8	6	5	5	5	3	1
研制																	
生产支持																	
试验场 1A																	
1B-1																	
1B-2																	
1C																	
1D(接受)																	
1E																	
2A-1																	
2A-2																	
BRAVO 2A																	
2B																	
2C																	
发动机使用	2	2	4	10	14	21	22	23	13	12	8	6	5	5	5	3	1
新的	0	0	1	5	5	7	5	6	5	3	7	2	2	2	2	1	1
重新组装的		0	0	0	4	5		10	4	6	7	3	2	2	2	2	0
等效的	2	2	3	5	5	9	10	7	4	3	1	1	1	1	1	0	0
测试(R&D)			15	154	206	255	369	604	266	208	192	128	112	112	112	84	28
次等货			85	2 960	8 676	14 248	33 814	61 409	32 464	26 000	24 000	16 000	14 000	14 000	14 000	10 500	3 500

F-1发动机/J-2发动机成本历史

	FY59	FY60	FY61	FY62	FY63	FY64	FY65	FY66	FY67	FY68	FY69	FY70	总计
总成本	3 578	22 152	45 859	81 922	116 935	195 894	266 235	286 698	232 734	175 916	117 201	63 573	1 608 697
洛克达因	3 578	22 152	44 404	77 149	104 580	175 579	237 006	242 872	200 894	150 932	96 850	50 630	1 406 626
推进剂			1 455	4 773	12 355	20 315	29 229	39 492	26 111	17 369	13 972	7 509	172 580
AEDC								4 334	5 729	7 615	6 379	5 434	29 491
F-1发动机	3 578	22 152	37 121	50 958	59 202	100 614	137 424	129 876	101 720	78 830	45 125	18 604	785 204
洛克达因	3 578	22 152	36 081	48 075	55 638	94 709	125 329	112 339	92 990	72 613	40 856	16 717	721 077
研制/生产、支持/操作与交付	3 578	22 152	36 081	48 075	47 267	60 580	61 181	48 112	29 124	28 150	20 719	9 492	414 511
NASw-16	3 578	22 152	36 081	48 075	47 267	60 580	61 181	48 112	10 427	798	175	123	338 549
NAS8-18734A　98									18 697	27 352	20 544	9 369	75 962
生产					8 371	34 129	64 148	64 227	63 866	44 463	20 137	7 225	306 566
NAS8-5604　76					8 371	34 129	64 148	64 227	53 168	13 092	1 413	1 518	240 066
NAS8-18348　22									10 698	31 013	17 935	5 676	65 342
NAS8-18734F										358	789	11	1 158
推进剂			1 040	2 883	3 564	5 905	12 095	17 537	8 730	6 217	4 269	1 887	64 127
研制/PSP/操作与交付			1 040	2 883	3 564	5 450	9 680	15 193	7 005	5 286	3 583	1 706	55 390
生产						455	2 415	2 344	1 725	931	686	181	8 737
J-2发动机			8 738	30 964	57 733	95 280	128 811	156 822	131 014	97 086	72 076	44 969	823 493
AEDC								4 334	5 729	7 615	6 379	5 434	29 491

续表

	FY59	FY60	FY61	FY62	FY63	FY64	FY65	FY66	FY67	FY68	FY69	FY70	总计
洛克达因			8 323	29 074	48 942	80 870	111 677	130 533	107 904	78 319	55 994	33 913	685 549
研制/生产、支持/操作与交付			8 323	29 074	37 762	46 370	47 538	53 905	41 256	39 124	31 016	22 110	358 478
NAS8－19A			8 323	29 074	37 762	46 370	47 538	53 905	41 256	39 124	12 566	531	318 449
NAS8－19C											18 450	21 579	40 029
生产　152					9 180	34 500	64 139	76 628	66 648	39 195	24 978	11 803	327 071
NAS8－5603　103					9 180	34 500	64 139	74 733	23 571	3 386	266	275	210 050
NAS8－19B　49								1 895	43 077	35 809	24 712	10 761	116 254
NAS8－19K												767	767
推进剂			415	1 890	8 791	14 410	17 134	21 955	17 381	11 152	9 703	5 622	108 453
研制/PSP/操作与交付			415	1 890	8 791	13 643	13 601	15 481	11 779	8 583	7 448	4 684	86 315
生产						767	3 333	6 474	5 602	2 569	2 255	938	22 138

F-1 发动机成本历史

	FY63	FY64	FY65	FY66	FY67	FY68	FY69	FY70	总计	单元
发动机		2	15	23	23	19	12	4	98	1
总成本	8 371	34 129	64 148	64 227	63 866	44 463	20 137	7 225	306 566	3 128
酬金(7.997%)		2 687	4 023	4 554	5 467	3 817	1 925	174	22 647	231
可交付的硬件	8 141	29 504	57 232	58 104	55 787	37 598	14 931	3 497	264 794	
发动机	6 562	24 734	48 726	51 144	52 308	33 540	13 455	3 134	233 603	2 384
IST 14 发动机	6 562	16 670	5 157	554	159	32	166	270	29 570	
IST 76 发动机								207	207	
发动机系统			6 961	8 555	8 076	6 270	2 246	601	34 504	
发动机支持 SERS		1 795			535	1 472	1 198	315	3 520	
维护工程						1 054	1 299	977	3 330	
RUT					2	43	33	7	85	
QAT							39	29	68	
推力室		1 634	9 028	10 926	13 181	5 660	1 985	173	42 582	
燃气发生器		134	1 130	1 298	1 519	897	452	32	5 462	
涡轮泵		1 097	5 861	8 937	9 999	4 622	2 171	179	32 866	

续表

	FY63	FY64	FY65	FY66	FY67	FY68	FY69	FY70	总计	单元
推进剂供应系统		744	3 837	4 981	4 985	2 780	1 079	108	18 514	
液压控制系统					237	931	457	21	1 696	
增压系统		99	848	2 014	2 338	1 849	320	46	7 514	
电气和飞行仪表	274		1 416	2 577	2 234	3 206	779	62	10 548	
隔热/热防护			2 502	5 951	5 889	2 739	545	32	17 658	180
工艺装备		1 672	9 263	3 861	2 644	1 683	647	64	19 844	202
STE		615	2 728	1 490	460	292	39	11	5 635	58
部件	25	2 951	5 831	4 491	2 921	3 331	617	340	20 987	214
原型	1 400	343	426	16	8	(9)			2 184	22
GSE	154	1 476	2 249	1 973	550	401	122	13	6 938	71
长条状硬件						335	737	10	1 082	
现场辅助支持	230	1 938	2 893	1 569	2 612	3 048	3 281	3 554	19 125	195
场地工程	97	150	356	722	1 028	1 447	1 768	1 658	7 226	
支持部件 SERS	50	146	368	497	1 115	859	889	1 464	5 388	
培训	33	60	59	20	22	23	24	25	266	

续表

	FY63	FY64	FY65	FY66	FY67	FY68	FY69	FY70	总计	单元
使用手册	50	274	269	237	265	338	313	311	2 057	
其他		1 308	1 841	93	182	381	287	96	4 188	
发射服务活动		1 308	1 841						3 149	
数据评估				32	51	115			198	
新技术				61	131	242	238	46	718	
特殊成果						24	49	50	123	

平片 1　在到达爱德华兹野外实验室测试之前在试验台 2－A 上安装的一台 F－1 发动机推力室（洛克达因公司·文斯·惠洛克藏品）

平片 2　1962 年，将要安装在爱德华兹野外实验室测试台上的平板卡车上的 F-1
发动机（洛克达因公司，文斯·惠洛克藏品）

平片 3　发动机翻转适配器多莉和翻转吊索用于将 F-1 发动机放置在试验台上

（洛克达因公司，文斯・惠洛克藏品）

平片 4　发动机翻转适配器多莉下方的升降台用于将 F-1 发动机升至最终位置，
以固定在测试台上（洛克达因公司，文斯·惠洛克藏品）

平片 5　1962 年，在爱德华兹野外实验室的试验台 1 - A 上进行的 F - 1 发动机的
主级试验（洛克达因公司，文斯·惠洛克藏品）

平片 6　在点火时序中持续的几秒钟，F－1 发动机被火焰吞没，直到主级的
热气流将这种地狱火带走（洛克达因公司，文斯·惠洛克藏品）

平片 7　1962 年，在爱德华兹野外实验室的一个研制试验台上，处于主级工况的
一台 F - 1 发动机（MSFC）

平片 8　在 1961 年 12 月 12 日的钎焊循环之后，装有 F－1 发动机推力室的钎焊箱
　　　　继续从强热中发光（洛克达因公司，哈罗德·C. 霍尔藏品）

图片 9　1968 年 12 月组装的 F-1 发动机 2091 号（洛克达因公司，哈罗德・C・霍尔藏品）

图片 10 1968年1月，在洛克达因公司完成的 F−1 发动机（洛克达因公司，哈罗德·C. 霍尔藏品）

平片 11　上图中的 F-1 发动机的镜像侧（洛克达因公司，哈罗德·C·霍尔德藏品）

图片 12　F-1 发动机推力室经过全景射线焊接测试，以验证第二次钎焊后焊件的完整性（洛克达因公司，哈罗德·C. 霍尔藏品）

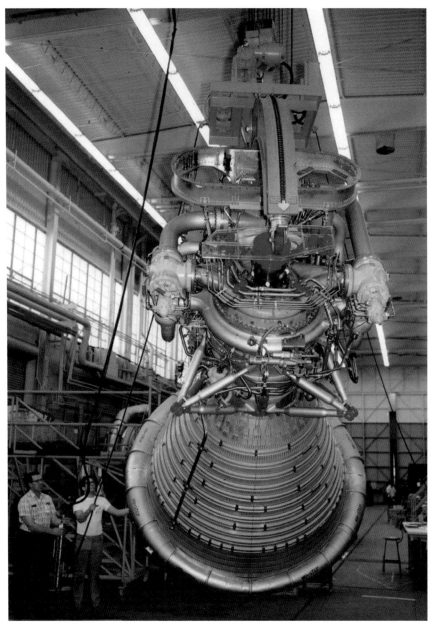

平片 13　在洛克达因公司的工厂中，正在使用发动机旋转吊索来移动和重新定向
已完成的 F‑1 发动机（洛克达因公司，文斯·惠洛克藏品）

图片 14　1965 年 3 月，运到 MSFC 的 F–1 发动机和 F–1 舱的成品存放在 4666 号楼的 F–1 发动机准备车车间。注意推进剂管路的配置（NASA/MSFC）

平片 15　1965 年 3 月，在 MSFC 的 S-IC 级静态试验台，中央 F-1 发动机安装于 S-IC-T 级上（NASA/MSFC）

平片 16　在 S‑IC‑T 级的 F‑1 发动机上安装喷管延伸段（NASA/MSFC）

平片 17　完整的 F-1 发动机安装在 MSFC 的 S-IC 级静态试验台的 S-IC-T 级上。
1965 年 4 月 16 日，对所有 5 台安装在 S-IC-T 级上的发动机进行了首次热试验
（NASA/MSFC）

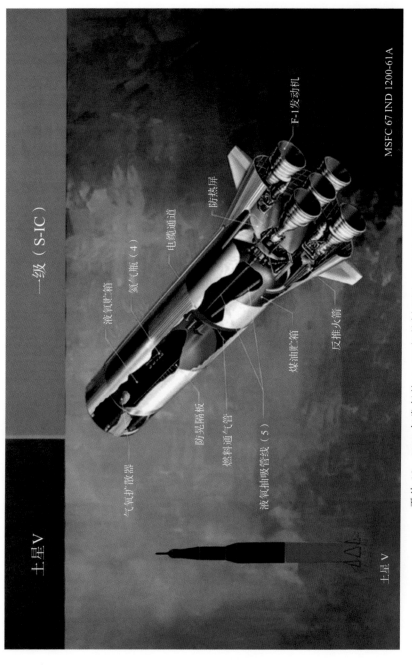

土星 V

一级（S-IC）

土星 V

气氧扩散器
液氧贮箱
氢气瓶（4）
电缆通道
防热屏

防晃隔板
燃料通气管
液氧抽吸管线（5）
煤油贮箱
反推火箭
F-1发动机

MSFC 67 IND 1200-61A

平片 18　1967 年发行的 S－IC 级的剖面图（NASA/MSFC）

平片 19　1967 年 10 月，一台起重机将 S - IC - 9 级的推力结构降低到 MAF 的垂直装配大楼的装配台中（NASA/MSFC）

平片 20　1967 年 10 月，一台起重机将 S‐IC‐9 级的推力结构降低到 MAF 的垂直装配大楼的装配台中（NASA/MSFC）

图片 21 1967 年 10 月，波音公司的技术人员准备将 F－1 发动机安装在 S－IC－8 级的推力结构上（NASA/MSFC）

平片 22　在 MAF，使用一台专业起重机将 F－1 发动机安装到 S－IC 级推力结构上（NASA/MSFC）

平片 23　1968 年秋天，在大规模的 MAF 内，处于各个组装阶段的 4 个 S – IC 级（NASA/MSFC）

平片 24　在黎明时分发射台 39A 上的 SA‑501。1967 年 11 月 9 日执行
阿波罗 4 号任务，这是 F‑1 发动机的首次飞行测试（NASA/MSFC）

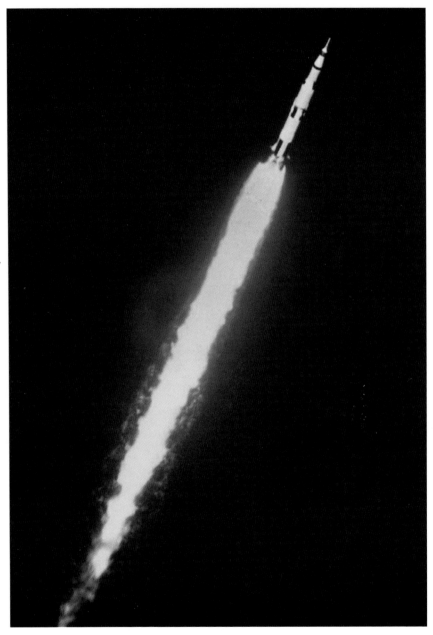

平片 25　在 SA‐501 完美无瑕的上升过程中，地面跟踪摄像机跟随了 SA‐501。
F‐1 发动机产生的火焰燃气轨迹，是大型车辆长度的 4 倍以上
（NASA/MSFC）

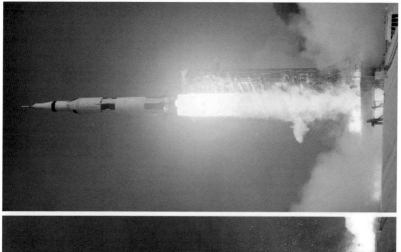

平片 26　1968 年 4 月 4 日，SA－502 在阿波罗 6 号发射时，F－1 发动机的性能都很好，但是上级推进系统遇到了许多问题（NASA/MSFC）

平片 27　S‑IC‑3 级在运载火箭的装配大楼的转移通道中。它构成了 SA‑503 的
第一级，并在阿波罗 8 号发射时成为第一个有人驾驶的土星 V 号运载火箭
（NASA/KSC）

平片 28　1969 年 7 月 16 日，一百万人被吸引到 KSC 观看阿波罗 11 号的发射
（NASA/KSC）

平片 29　最后一次发射土星 V 号运载火箭的是 SA‐513，它是一次性构型，
美国的第一个太空站天空实验室处于它的第三级（NASA/KSC）

平片 30　1969 年 12 月拍摄的 F−1A 发动机

（洛克达因公司，哈罗德・C. 霍尔藏品）

平片 31　F-1A 发动机的 30 英寸直径涡轮机的废气整流器

（洛克达因公司，哈罗德·C. 霍尔藏品）

平片 32　F-1A 涡轮泵的特点是具有较小的涡轮机，拥有许多其他变化和改进，旨在增加发动机的海平面推力（洛克达因公司，哈罗德·C. 霍尔藏品）